Office软件应用

主　编
车志明　吴光文　张　琴

中国财经出版传媒集团
中国财政经济出版社

图书在版编目(CIP)数据

Office软件应用 / 车志明，吴光文，张琴主编. --
北京：中国财政经济出版社，2021.11
ISBN 978-7-5223-0906-4

Ⅰ. ①O… Ⅱ. ①车… ②吴… ③张… Ⅲ. ①办公自动化-应用软件-中等专业学校-教材 Ⅳ. ①TP317.1

中国版本图书馆CIP数据核字（2021）第224365号

责任编辑：蔡　宾　　　　责任校对：徐艳丽
封面设计：陈宇琰

Office软件应用

Office RUANJIAN YINGYONG

中国财政经济出版社 出版

URL: http://www.cfeph.cn

E-mail: cfeph@cfemg.cn

社址：北京市海淀区阜成路甲 28 号　邮政编码：100142

营销中心电话：010-88191522　编辑部门电话：010-88190666

天猫网店：中国财政经济出版社旗舰店

网址：https://zgczjjcbs.tmall.com

北京中兴印刷有限公司印刷　各地新华书店经销

成品尺寸：185mm × 260mm　16 开　14.25 印张　246 000 字

2021 年 12 月第 1 版　2021 年 12 月北京第 1 次印刷

定价：35.00 元

ISBN 978-7-5223-0906-4

（图书出现印装问题，本社负责调换，电话：010-88190548）

本社质量投诉电话：010-88190744

打击盗版举报热线：010-88191661　QQ：2242791300

PREFACE 前言

当今时代，计算机办公软件已广泛应用于办公自动化、企业管理、金融、信息服务等各个领域。Microsoft Office是当前世界范围内普及面最广的办公软件，掌握该软件的功能特性，了解其发展趋势，有助于中职学生的学习和工作发展，也有助于中职学生更好地掌握与使用其他办公软件。

本教材参考教育部 2009 年颁布的“中等职业学校计算机应用基础教学大纲”（以下简称“教学大纲”）编写，以Windows 10为操作系统平台，以Office 2013为办公软件安排内容，可以适应具有一定设备条件的中等职业学校作为文化基础课程教材。教材内容包含Word 2013 的应用、Excel 2013的应用、PowerPoint 2013、Windows 10 操作系统概述等。

本教材从强调实用性和操作性出发，采用主题引导、任务驱动的编排方式，依据教材大纲中的教学内容，将每一项目的知识点分解并归纳，设计出相应的任务实例，再以任务实例为主体，以相关知识介绍为辅助组织教学过程，使学生掌握软件的知识与技能。本教材的任务和案例经过精心挑选和组织，从中体现实际生产生活中办公软件的典型应用，强调学生动手操作和主动探究，在实践中学习和总结软件的操作方法和相关概念。

本教材编写体现“做中学，做中教”的教学理念，设定教师讲授和学生学习操作的教学环境以计算机机房为主，体现计算机教学的特点，有利于学生模仿教师对计算机进行操作，同时加大了对学生知识运用能力培养。

本教材由车志明、吴光文、张琴担任主编，刘德友、黄勇、周家瑜担任副主编，项目一和附录由秀山土家族民族自治县职业教育中心车志明、冷进编写；项目二由重庆市黔江区民族职业教育中心刘德友、黄勇、金倩、冉双庆编写；项目三由重庆市酉阳职业教育中心吴光文、李霞、曹辉编写；项目四由秀山土家族民族自治县职业教育中心车志明、冷进、马昌勇编写；周家瑜对全书进行了统筹，张琴对全书进行了审稿。

成书过程中，得到了很多专家和老师的指导和帮助，提出了许多宝贵的审稿意见，提升了本书的品质，在此表示衷心的感谢。由于时间和作者水平有限，书中难免存在不足，恳请读者批评指正。

编者

2021 年 11 月

CONTENTS 目录

项目一

认识Microsoft Office 2013

导语

当今时代，计算机办公软件已广泛应用于办公自动化、企业管理、金融、信息服务等各个领域。掌握计算机办公软件的功能，了解软件的特性，是中职学生走向职场的必要条件。

学习目标

· 了解 Microsoft Office 2013 的软件发展史

· 了解 Microsoft Office 2013 的软件的功能特点

任务一　了解 Microsoft Office 2013 发展史

作为使用范围最广也是最为成功的办公软件系统，Microsoft Office的各组成部分是怎样诞生的，又是怎样更新发展的？下面我们将来回顾一下MS Office这个改变了我们办公方式的系列产品。正是因为它的出现，我们的工作才能变得像今天这样便利。Microsoft Office的标志如图1–1所示。

图1–1

一、MS-DOS时代的MS Office

在Windows时代之前，也就是MS–DOS的时代，MS Office软件就已经来到了PC上与用户见面，拉开了它光辉的历史序幕。然而此时的Office还不是那个拥有Word、Excel、和PowerPoint等多个功能的软件包，此时他们还处于各自为战的状态。

以Microsoft Word为例，当时，主要的输入设备是键盘，鼠标还非常昂贵并且没什么人用。虽然这时的Word已经有了很多的功能，但使用起来还是很麻烦，处理格式和打印等功能都需要很强的技术能力，所以使用起来并不方便。

二、MS Office 1.0

1990年11月，面向Windows平台的MS Office软件正式面世了，截至目前，Office已经在Windows平台上服务了20多年了，而且还将继续被使用下去。

在当时，安装Office 1.0的还是Windows 2.0系统，不过相比之前在MS-DOS上的版本，这次的Office 1.0已经有了Office系列软件基本的框架，将Word、Excel、和PowerPoint这三个主要功能打包起来一起贩售，具体版本为Word 1.1、Excel 2.0、和PowerPoint 2.0。而这一销售理念也为Office的成功起到了很大的作用。

在当时，MS Office还面对着WordPerfect及Lotus等竞争对手，但凭借着其领先时代的以鼠标为中心的操作理念，Office很轻松地就打败了这些对手。微软也成为了第一个在一年内销售额达到10亿美元的公司。

三、MS Office 3.0

1992年，微软对Office进行了重要的升级，推出了重要的MS Office 3.0版本。这一版本的Office包括Word 2.0、Excel 4.0A、PowerPoint 4.0以及新加入的Microsoft Mail，并使用CD-ROM的形式发售。不久之后，这款非常流行的Office软件由MS Office 3.0更名为了Office 92。在之后的1993年，微软又推出了专业版本的The Microsoft Office Professional，在这个版本里，他们加上了数据库软件Microsoft Access 1.1。

四、Office 4.0

1994年，微软先后推出了Office 4.0、Office for NT 4.2、Office 4.3等三个不同版本的Office。其中，最早推出的Office 4.0包括Word 6.0、Excel 4.0a、PowerPoint 3.0及Mail；之后面向i386、Alpha、MIPS及PowerPC等处理器架构，微软又推出了Office for NT 4.2，其中除了原有的Word 6.0之外，还更新了Excel和PowerPoint，变成了Excel 5.0和PowerPoint 4.0，并且新增加了Microsoft Office Manager 4.2；而Office 4.3则是Office软件最后一代的16-bit版本，也是最后一代支持Windows 3.x系列操作系统的Office。

五、Office 95（Office 7.0）

1995年，重要的一年，在这一年，微软公司发布了改变世界的Windows 95操作系统，而相应地，他们也推出了Office 95（Office 7.0）。这个最新版本的Office专为Windows 95设计，只能在Windows 95或者更高级的操作系统上使用。

六、MS Office 97（Office 8.0）

在1998年，微软发布了MS Office 97。对于Office来说，这又是一款里程碑式的新版本。很多用户都是从这一版本开始使用Office的。在这一版本中，微软对Office进行了数百个大大小小的改进，比如增加了命令栏，在菜单和命令栏的设计与性能上都取得了范式的效果；同时，Office 97还增加了新的语言系统和语法检查系统。

七、MS Office 2000 （Office 9.0）

MS Office 97发布的一年之后，微软在1999年推出了改进的MS Office 2000，这也是Office最后一款支持Windows 95系统的Office。相比之前的版本，MS Office 2000主要在使用体验和安全性上得到了提高。比如你可以在这个版本上隐藏不常用的选项。

八、MS Office XP（Office 10.0或Office 2002）

2001年，微软在进入新世纪后发布的第一款Office，也是最后一款支持Windows 98、ME和NT 4.0系统的Office。这个版本主要为新的Windows 2000及Windows XP系统设计。它引入一些新的设计，比如安全模式，它会允许诸如Outlook这样的应用在可能失败的情况下打开。除此之外，为了打击盗版，Office XP也是微软第一款引入产品激活的Office，这一措施在当时也引起了广泛的争议。

九、MS Office 2003（Office 11.0）

这款非常重要的软件于2003年发布，并在之后的10年时间内成为了可能是史上最受欢迎的Office。这个新版本采用了全新设计的logo，引入了两款新的应用：Microsoft InfoPath和OneNote。由于为了贴合Windows XP，它的工具栏及图标的设计都与操作系统非常融洽；同时，在软件的功能性上也做很多提升。这些新特性都帮助这款软件极其受欢迎，被使用的年份超过了10年。

十、MS Office 2007 （Office 12.0）

发布于2007年的Office 2007最大特点就是在用户界面上进行了调整，使用了新的图形用户界面，他们称之为流畅的用户界面（Fluent User Interface）。并且，在这个版本中，Office还提供了更加综合的工具栏选项，可以帮助用户更加专业地编辑自己的文档、表格及幻灯片。

十一、MS Office 2010 （Office 14.0）

Office 2010发布于2010年，其最大特点就是提供了网页版本的Office，这帮助用户可以在PC以外的地方也能使用Office。它还是第一款同时提供了32-bit和64-bit版本的Office。同时，在用户界面、后台操作及工具栏方面都有一定的改进。

十二、MS Office 2013（Office 15.0）

于2013年1月正式发布，之前推出过数个测试版。其具有更干净的界面，并可以与SkyDrive无缝连接。同时，不同版本的Office 2013所提供的具体应用也不相同，包括了从最简单的家庭版到最复杂的专业版。

练习题

选择题

1.微软第一款引入产品激活的Office版本是（　　）。

A.MS Office 2010　　B.MS Office 2013

C.MS Office XP　　D.MS Office 1.0

2.Microsoft Office从哪个版本起提供了网页版本的Office（　　）。

A.MS Office 2010　　B.MS Office 2013

C.MS Office XP　　D.MS Office 1.0

3.在MS-DOS的时代，Microsoft Word信息输入主要依托于那种硬件（　　）。

A.鼠标　　B.键盘

C.手写板　　D.麦克风

任务二　认识 Microsoft Office 2013 功能

你知道吗

Microsoft Office 2013支持打开pdf文档，较上个版本第一次支援ARM平台。Office 2013能够在云端服务、服务器、流动设备和PC客户端、Office 365、Exchange、SharePoint、Lync、Project以及Visio同步更新。

一、办公软件的功能

计算机已经普及到我们工作、生活的各个方面，随着国内外办公软件的发展，上班族只要一打开电脑，基本上90%以上都需要使用办公软件，无论是起草文件、撰写报告还是统计分析数据，办公软件已经成为我们工作必备的基础软件。有时也会把协同OA、图像处理软件纳入到办公软件范畴，它们也是支撑我们工作的一部分，但覆盖用户范围有限。

查一查

除了Microsoft Office市面上还有哪些常用的办公软件？这些软件的各自特点是什么？

二、Microsoft Office 2013的功能

（一）软件功能概述

Microsoft Office 2013是微软Office产品史上最具创新与革命性的一个版本，主要包括word、excel、Powerpoint、access、Infopath、outlook、publisher、Visio viewer等几个组成软件及其相关的工具（如图1-2所示），其中在办公中最常用有word文字处理、excel电子表格、Powerpoint演示文稿等三种软件，在接下来的内容中将会对Office 2013中这三种常用软件的功能作进一步介绍。

图1–2

作为Windows 8的官方办公室套装软件，Office 2013在风格上保持一定的统一之外，功能和操作上也向着更好支持平板电脑以及触摸设备的方向发展。Office2013具备Metro界面，简洁的界面和触摸模式也更加适合平板，使其浏览文档同PC一样方便。

（二）创新功能介绍

在Word 2013中，用户可以直接打开和编辑PDF文件，无需将其转换为另一种格式。Word 2013还获得如下改进：双击放大、平滑滚动、视频嵌入，还可以通过浏览器在线分享文档。Excel2013在此基础上还可获得新的格式控制以及图表动画。与此同时，在Power Point2013嵌入Excel图表更加容易，不会再受到格式困扰。

在Windows 8以上系统设备上可获得Office2013的最佳体验。较之前版本快速、流畅的界面可让用户将重要文档、应用程序放在正前方，这样，用户一打开Office就会看到最重要的内容。

用户通过Office的云服务功能，可以使文档和软件设置与用户一起漫游。登录后用户就可以看到自己的 Office 应用程序、文档和个人设置，和上次离开它们时一样。Office2013将用户的工作在线保存到OneDrive或SharePoint中，便于随时访问、编辑和共享。

你知道吗

云服务是基于互联网的相关服务的增加、使用和交互模式，通常涉及通过互联网来提供动态易扩展且经常是虚拟化的资源（如图1–3所示）。云是网络、互联网的一种比喻说法。过去在图中往往用云来表示电信网，后来也用来表示互联网和底层基础设施的抽象。云服务指通过网络以按需、易扩展的方式获得所需服务。这种服务可以是IT和软件、互联网相关，也可是其他服务。它意味着计算能力也可作为一种商品通过互联网进行流通。

图 1–3

练 习 题

选择题

1. 相较之前版本 Microsoft Office 2013 提供了哪些新功能（　　）

A. 云服务

B. 文字处理功能

C. 界面可以双击放大、平滑滚动

D.Word 2013 可以直接打开和编辑 PDF 文件

2. 以下哪些软件是文字处理办公软件（　　）

A.Microsoft Office　　B.WPS Office

C.Red Office　　D.Photoshop

3.Microsoft Office　2013 在以下哪个版本的操作系统中能获得的最佳体验（　　）

A.Windows ME　　B.Windows 7

C.Windows 8　　D.Windows XP

请完成对“项目一”学习的自我评价，自我评价表如表1-1所示。

表 1-1　　自我评价表（项目一）

评价模块 / 知识点	知识与技能			作业实操			体验与探索		
	熟练掌握	一般认识	简单了解	独立完成	合作完成	不能完成	收获很大	比较困难	不感兴趣
安装Office 2013	□	□	□	□	□	□	□	□	□
软件功能概述	□	□	□	□	□	□	□	□	□
云服务的使用	□	□	□	□	□	□	□	□	□
疑难问题									
学习收获									

项目二

熟知Word 2013的应用

导语

Microsoft Word 2013在当前使用中是占有巨大优势的文字处理器文档格式，能优化技巧，Word 2013文档格式设置主要是指对文字和段落排版的美化设置，通过对文档格式进行美化，可以做出更加专业的文档。美化排版是一项艺术性的操作，不同的排版人员，对相同的内容进行排版，结果却不尽相同，这就体现出了格式设置的灵活性和创造性。

学习本项目，让学生紧跟时代的变化，在科学技术、社会经济迅猛发展的情况下，培养出一批批符合现代社会要求、新时代的人才。这些人才应具备适应岗位、职业变化的能力，以及适应智能化办公的能力。

学习目标

· 了解 Word 2013 软件的特点和作用

· 掌握 Word 2013 软件的基本操作功能

· 能够使用 Word 2013 制作常用的办公文档

知识要点

Word 2013 是 office2013 套装软件中专门进行文字处理的应用软件，利用Word 2013 可以创建专业水准的文档，轻松高效地与他人协同工作。可以方便地创建与编辑报告、信件、新闻稿、传真和表格等，用户可以用它来处理文字、表格、图形、图片等。Word 2013界面友好、功能丰富、易学易用、操作方便，能满足各种文档排版和打印需求，且“所见即所得”，现已成为电脑办公必备的工具软件之一。

任务一　创建 Word 2013 文档

一、启动 Word 2013

要创建一个新文档，首先要启动 Word 2013。启动 Word 最简单的方法是选择“开始”菜单中的“程序”，从弹出的级联菜单中选择“Microsoft Word 2013”命令即可启动 Word 2013（如图2–1所示）。此外也可双击桌面上的 MicrosoftWord 图标来启动 Word 2013（如图2–2所示）。

图 2–1　启动 Word 2013

图 2–2　启动 Word 2013

议一议

Word 2018 与 Word 2010 哪一版本更好用？它们的区别在哪？

二、Word 2013 的工作界面

启动 Word 2013 后，系统自动建立一个空白文档“文档 1”。Word 2013 窗口如图 2–3 所示，主要由八个部分组成，分别是标题栏、菜单栏、工具栏、文档编辑区、标尺、滚动条、任务窗格和状态栏（如图 2–3 所示）。

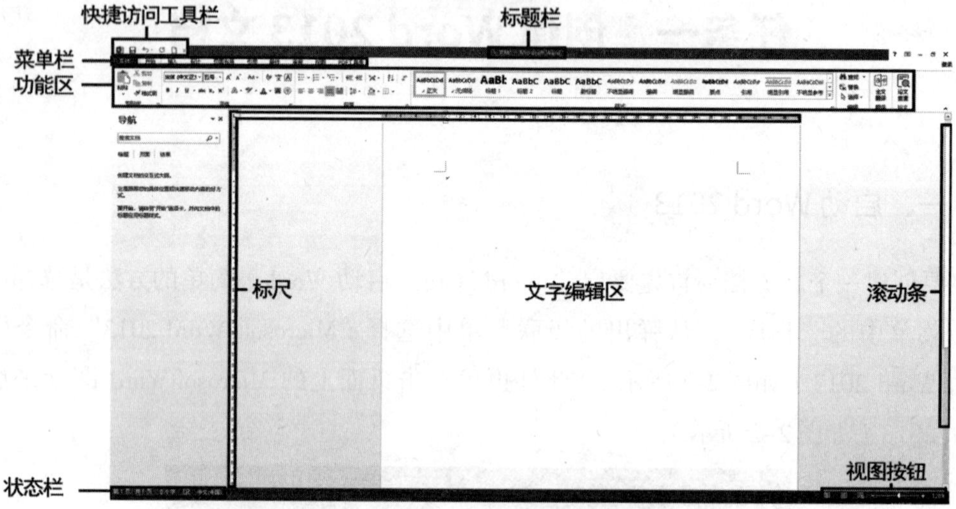

图 2–3　Word 2013 的基本界面

（一）标题栏

标题栏位于窗口的最上方，显示该文档的名称。第一次打开窗口时显示的标题为“文档 1”。

（二）菜单栏

菜单栏位于标题栏的下方，在此可以根据不同的分类来选择相应的操作，例如：单击“文件”这个菜单选项，可以选择对文件进行新建、打开和保存等操作。菜单栏里存放了 Word 2013 的所有操作命令。

（三）快速访问工具栏

通过点击快速访问工具栏可以快速新建文件、保存文件、返回操作等。

（四）功能区

功能区位于菜单栏的下方，点击不同的菜单栏可以获得相应的功能选项卡。

（五）文本编辑区

中间空白的区域是文档编辑区。用户可以在这个区域内输入文字、插入对象和编辑文档内容。

（六）标尺

标尺分为水平标尺和垂直标尺两种：水平标尺被置于文档编辑区的上端；垂直标尺在文档编辑区的左端。根据标尺上的刻度，用户可以准确地了解文档中的某些内容显示的位置。用户也可以移动标尺来改变对文档的布局设置。

想一想

Word标尺怎么调出来？

（七）滚动条

滚动条与标尺一样，滚动条也分为水平滚动条和垂直滚动条两种，分别包围在文档编辑区的下端与右端。通过上拉或下拉垂直滚动条，或者左移或者右移水平滚动条来浏览文档的所有内容。当屏幕中能够显示整个页面时，滚动条会自动消失。一旦无法显示整个页面，滚动条会自动显现出来。

（八）状态栏

状态栏位于屏幕的最下方。显示该文档的有关信息。例如：当前页的页码、页数，以及当前对文档的操作类型是改写还是插入等。

（九）视图按钮

通过点击视图按钮可以快速在页面视图、阅读版式图、Web版视图、大纲视图、草稿之间切换。另外通过调整后部百分比可以调整文本编辑区画幅。

议一议

在页面视图、阅读版式图、Web版视图、大纲视图、草稿中，你认为哪一种视图使用起来最方便？

做中学

把页面视图、阅读版式图、Web 版视图、大纲视图、草稿阅读使用优势与劣势整理成一份表格。

三、新建文档

启动 Word 2013 后，它就自动创建一个新文档，除此之外，如果在编辑文档的过程中还需要另外创建一个或多个新文档时，常用的方法有：

（1）单击常用工具栏中的“新建空白文档”按钮，如图 2–4 所示。

图 2–4　创建一个新文档

（2）使用快捷键“Ctrl+N”。创建的文档依次命名为“文档 1”“文档 2”“文档 3”每创建一个新文档对应有一个独立的窗口，任务栏中就有一个相应的文档按钮，可单击按钮进行文档间的切换。

（3）如果用户想根据模板创建新文档，可以按下面的操作进行：

①单击“文件”菜单中的“新建”命令，窗口右侧出现“新建文档”任务窗格，如图 2–5 所示。

②选择其中一个选项，如“本机上的模板”，出现“模板”对话框，根据向导选择所需的模板和录入信息。

③单击“创建”按钮完成新建文档的操作。如果该模板还没有安装，则在单击“确定”之后会安装相应的 Office 组件。

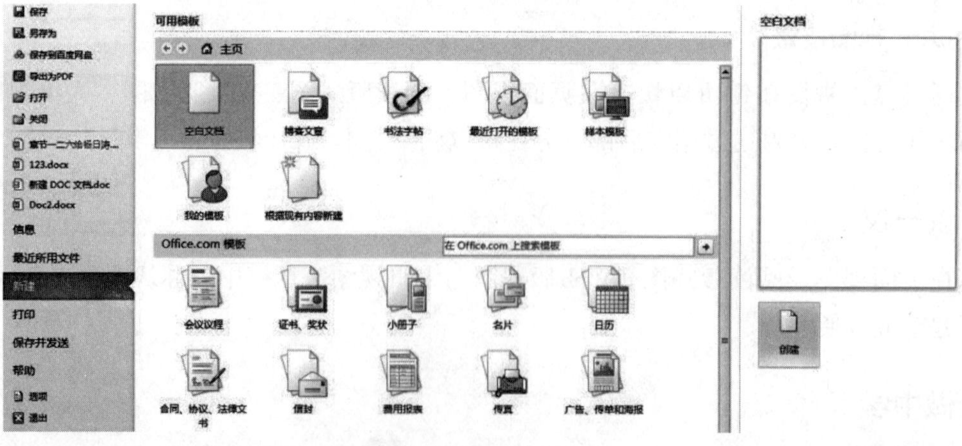

图 2–5　创建一个新文档

查一查

上网查找Word中常用快捷键。

四、输入文本

新建一个文档后，就可以输入文本了。在窗口工作区中有一个闪烁的黑色竖条叫插入点，它表明输入字符的位置，当输入文本时，插入点自左向右移动。如果输入了一个错误的字符，可以按 Backspace 键删除它，然后继续输入。

注意

Word 有自动换行的功能，当输入到达每行的末尾时不必按 Enter 键，Word会自动换行，只有另起一个新的段落时才按 Enter 键。按 Enter 键表示原段落的结束，新段落的开始。

（一）中、英文的输入

中文 Word 既可以输入汉字，又可以输入英文。中 / 英文输入法的切换方法有两种：

（1）单击任务栏右端的“语言指示器”按钮，在“输入法”列表中单击所需的输入法。

（2）组合键方式：“Ctrl+空格键”可以在中 / 英文输入之间切换；按组合键“Ctrl + Shift”键可以在各种输入法之间切换。

注意：双击状态栏上的“改写”项，或按键盘上的 Insert 键可以在“插入”和“改写”方式之间切换。

（二）插入符号

1. 标点符号的输入

如果使用英文标点符号，按照键盘上的键位输入就可以了。一般用户都是使用中文，所以使用中文标点较多，首先确认输入法状态条中设置了中文状态的标点符号。只要单击输入法状态条中的中 / 英文标点切换按钮即可在中 / 英文标点之间切换。

2. 插入特殊符号

把插入点移动到要插入符号的位置，选择“插入”下拉菜单中的“符号”命令，打开“其他符号”对话框，如图 2–6 所示，找到要插入的符号，单击对话框中的“插入”按钮即可。

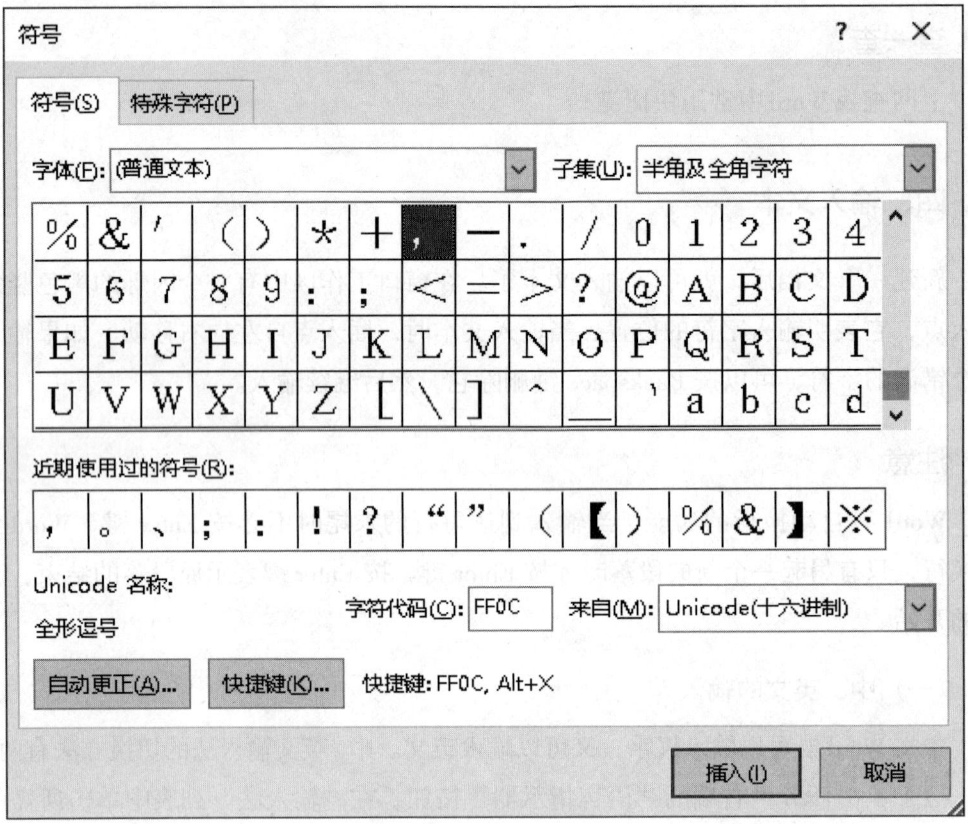

图 2-6　插入特殊符号

五、文档的保存与保护

(一) 保存文档

1. 保存新文档

当用户在新文档中完成字符输入后，此文档的内容还驻留在内存中。在退出Word之前需要将它作为磁盘文件保存起来。保存的方法有如下几种：

方法一：单击“常用”工具栏中的“保存”按钮。

方法二：单击“文件”下拉菜单中的“保存”命令。

方法三：直接按下快捷键“Ctrl+S”。

无论执行上述哪一种方法，都会打开“另存为”对话框。然后在“保存位置”列表框中，选择所需保存文件的驱动器或文件夹。文件和文件夹列表显示了所选的驱动器或文件夹中的内容，如图2-7所示。

图 2-7　保存新文档

在“文件名”列表框中键入具体的文件名，然后单击“保存”按钮执行保存操作。

2. 保存已有的文档

已有的文件打开和修改后，同样可以用上述方法将修改后的文档以原来的文件名保存在原来的文件夹中。此时不再出现“另存为”对话框。

3. 重新命名并保存文档

把正在编辑的文档以另一个不同的名字保存起来。步骤如下：

步骤一：选择“文件”下拉菜单中的“另存为”命令打开“另存为”对话框。

步骤二：在“保存位置”下拉列表框中选择保存的文件夹。

步骤三：在“文件名”文本框中输入文件的新名称。

步骤四：单击“确定”按钮保存文档。

4. 保存多个文档

如果想一次保存多个已编辑修改的文档，执行的操作是按住 Shift 键的同时单击“文件”菜单打开“文件”下拉菜单，这时菜单中的“保存”命令已变成“全部保存”命令，单击“全部保存”命令就可以一次保存多个文档。

（二）文档的保护——给文档设置密码

给文档设置密码的步骤如下：

（1）选择“文件”下拉菜单中的“另存为”命令，打开“另存为”对话框。

（2）在“另存为”对话框中单击“工具”菜单中的“常规选项”命令打开标题为“安全性”的对话框，如图 2–8 所示。

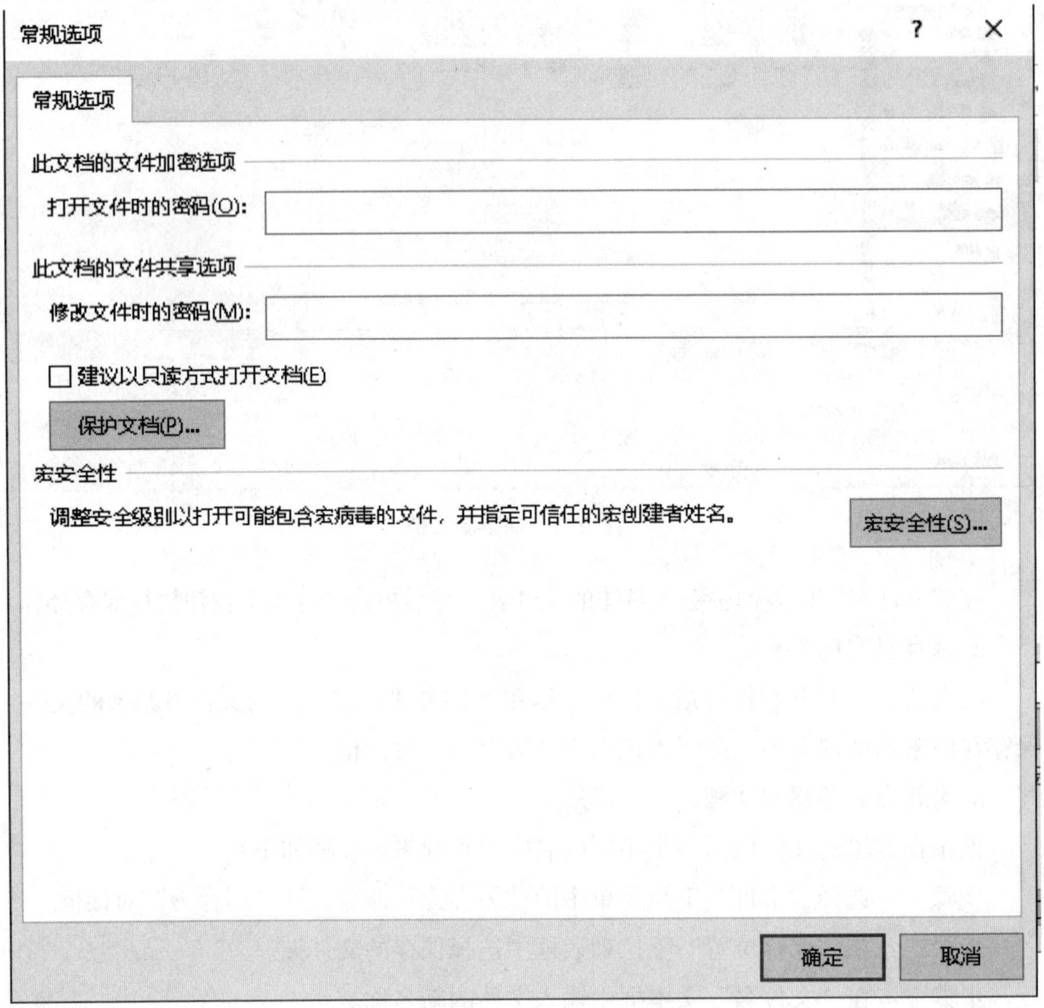

图 2–8　文档设置密码

（3）在“打开文件时的密码”和“修改文件时的密码”文本框中输入密码，密码可以是数字、字母和符号，并且区分大小写。

（4）单击“确定”按钮弹出如图 2–9 所示的“确认密码”对话框。

（5）在文本框中再次输入打开文件时的密码作确认，单击“确定”按钮，如果还设置了“修改文件时的密码”则又显示一个与上图一样的对话框，再输入一次修改文件时的密码确认后，单击“确定”按钮，屏幕返回“另存为”对话框。

（6）将文档保存，使所设置的密码起作用。

议一议

使用Word文档时最容易出现什么问题？

（7）当再次打开此文档时屏幕弹出如图 2–10 所示的“密码”对话框。

（8）输入正确的密码后方可打开该文档。

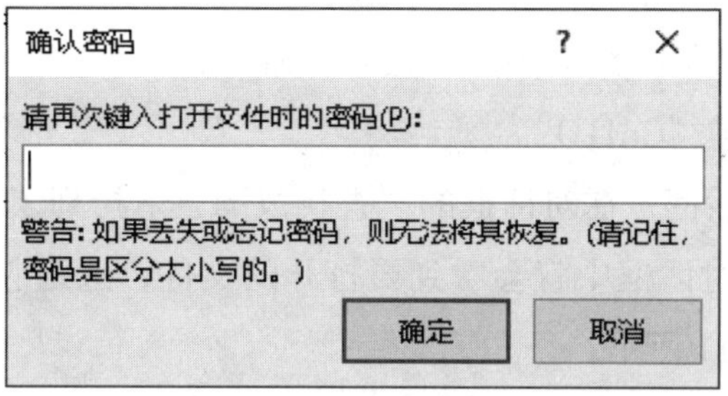

图 2–9 文档设置密码

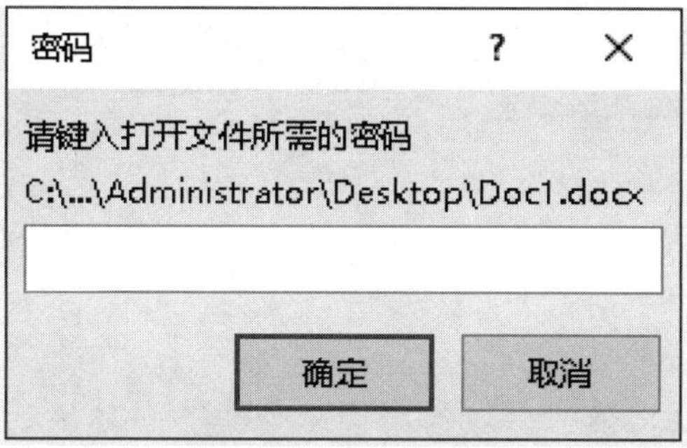

图 2–10 文档设置密码

议一议

给别人发文件时，你只想让文件仅供阅读，不能对该文件进行修改，这时该如何进行设置？

六、关闭与打开文档

（一）关闭文档

在 Word 2013 中关闭当前文档的方法有以下几种：

（1）选择“文件”菜单中的“关闭”命令。

（2）单击窗口中的“关闭”按钮。

（3）按快捷键“Alt+F4”。

（4）双击窗口左上角的“控制菜单”图标。

（二）打开一个文档

在 Word 窗口中，打开 Word 文档的方法有三种：

（1）单击常用工具栏中的“打开”按钮。

（2）单击“文件”下拉菜单中的“打开”命令。

（3）直接按快捷键“Ctrl+O”。

出现“打开”对话框，在对话框的“查找范围”下拉列表框中，选择文档所在的驱动器和文件夹，在对话框中就会看到要打开的文件，选定它，单击“打开”按钮，打开该文档，如图 2-11 所示。

图 2-11　打开一个文档

议一议

文件的保存类型通常选择哪一类型，这样选择的理由是？

（三）打开由其他软件所创建的文件

Word 能识别很多由其他软件创建的文件格式（如 WPS、纯文本文件等），并在打开这类文档时自动转换为 Word 文档。步骤如下：

（1）单击“文件”下拉菜单中的“打开”命令或单击“常用工具栏”中的“打开”按钮，出现“打开”对话框。

（2）在对话框的“查找范围”下拉列表框中，选择文件所在的文件夹，在“文件类型”列表框中选择要打开的文件类型。如果不知道要打开的文件类型，可以在列表框中选择“所有文件”选项。

（3）文件列表框中列出文件夹中所有该类型的文件，选中要打开的文件，再单击“打开”按钮，则该文件转换为 Word 格式并打开。

想一想

Word 上打开了其他软件创建的文件，会导致格式的改变吗?

（四）打开最近使用过的文档

在“文件”下拉菜单中所保留的最近使用过的文档名中选择并单击它。

注意：默认情况下，“文件”下拉菜单中保留 4 个最近使用过的文档名，也可以设置保留文档的个数。

练 习 题

一、选择题

1. 中文 Word 是（　　）。

A. 文字处理软件　　　　B. 系统软件

C. 硬件　　　　D. 操作系统

2. 在 Word 的文档窗口进行最小化操作（　　）。

A. 会将指定的文档关闭

B. 会关闭文档及其窗口

C. 文档的窗口和文档都没关闭

D. 会将指定的文档从外存中读入，并显示出来

3. 若想在屏幕上显示常用工具栏，应当使用（　　）。

A. “视图”菜单中的命令　　　　B. “格式”菜单中的命令

C. “插入”菜单中的命令　　　　D. “工具”菜单中的命令

4. 新建 Word 文档的快捷键是（　　）。

A.Ctrl+N　　　　B.Ctr1+O

C.Ctrl+C　　　　　　　　　　D.Ctrl+S

5.用Word进行编辑时，要将选定区域的内容放到的剪贴板上，可单击工具栏中（　）。

A.剪切或替换　　　　　　　　B.剪切或清除

C.剪切或复制　　　　　　　　D.剪切或粘贴

6.在Word中，用户同时编辑多个文档，要一次将它们全部保存应（　　）操作。

A.按住Shift键，并选择“文件”菜单中的“全部保存”命令

B.按住Ctrl键，并选择“文件”菜单中的“全部保存”命令

C.直接选择“文件”菜单中“另存为”命令

D.按住Alt键，并选择“文件”菜单中的“全部保存”命令

7.以下操作不能退出Word的是（　　）。

A.单击标题栏左端控制菜单中的“关闭”命令

B.单击文档标题栏右端的“X”按钮

C.单击“文件”菜单中的“退出”命令

D.单击应用程序窗口标题栏右端的“X”按钮

8.在使用Word进行文字编辑时，下面叙述中（　　）是错误的。

A.Word可将正在编辑的文档另存为一个纯文本（TXT）文件

B.使用“文件”菜单中的“打开”命令可以打开一个已存在的Word文档

C.打印预览时，打印机必须是已经开启的

D.Word允许同时打开多个文档

9.Word主窗口的右上角，可以同时显示的按钮是（　　）。

A.最小化、还原和最大化

B.还原、最大化和关闭

C.最小化、还原和关闭

D.还原和最大化

二、填空题

1.Word默认显示的工具栏是（　　　）和（　　　）工具栏。

2.单击（　　　）按钮，鼠标指向（　　　）然后再指向其子菜单中的“Microsoft Word”就启动了Word。

3.第一次启动Word后系统自动建立一空白文档名为（　　　）。

4.如果想保存修改后的文档，但不覆盖原文档，或把当前文档以其他格式保

存，或对原文档以其他文件名、其他位置进行保存，可以使用（　　　）选项卡中的（　　　）命令。

5.Word 在编辑一个文档完毕后，要想知道它打印后的结果，可使用（　　　）功能。

实训操作

步骤一：新建 Microsoft Word 文档，命名为“新建文档－荷塘月色 .dcox”；

步骤二：打开“新建文档——荷塘月色 .dcox”，观察工作界面，在编辑区输入以下内容：Microsoft Word 2013 欢迎你的使用，现在录入朱自清的《荷塘月色》。

荷塘月色

朱自清

这几天心里颇不宁静。今晚在院子里坐着乘凉，忽然想起日日走过的荷塘，在这满月的光里，总该另有一番样子吧。月亮渐渐地升高了，墙外马路上孩子们的欢笑，已经听不见了；妻在屋里拍着闰儿，迷迷糊糊地哼着眠歌。我悄悄地披了大衫，带上门出去。

沿着荷塘，是一条曲折的小煤屑路。这是一条幽僻的路；白天也少人走，夜晚更加寂寞。荷塘四面，长着许多树，蓊蓊郁郁的。路的一旁，是些杨柳，和一些不知道名字的树。没有月光的晚上，这路上阴森森的，有些怕人。今晚却很好，虽然月光也还是淡淡的。

路上只我一个人，背着手踱着。这一片天地好像是我的；我也像超出了平常的自己，到了另一世界里。我爱热闹，也爱冷静；爱群居，也爱独处。像今晚上，一个人在这苍茫的月下，什么都可以想，什么都可以不想，便觉是个自由的人。白天里一定要做的事，一定要说的话，现在都可不理。这是独处的妙处，我且受用这无边的荷香月色好了。

曲曲折折的荷塘上面，弥望的是田田的叶子。叶子出水很高，像亭亭的舞女的裙。层层的叶子中间，零星地点缀着些白花，有袅娜地开着的，有羞涩地打着朵儿的；正如一粒粒的明珠，又如碧天里的星星，又如刚出浴的美人。微风过处，送来缕缕清香，仿佛远处高楼上渺茫的歌声似的。这时候叶子与花也有一丝的颤动，像闪电般，霎时传过荷塘的那边去了。叶子本是肩并肩密密地挨着，这便宛然有了一道凝碧的波痕。叶子底下是脉脉的流水，遮住了，不能见一些颜色；而叶子却更见风致了。

月光如流水一般，静静地泻在这一片叶子和花上。薄薄的青雾浮起在荷塘里。叶子和花仿佛在牛乳中洗过一样；又像笼着轻纱的梦。虽然是满月，天上却有一层淡淡的云，所以不能朗照；但我以为这恰是到了好处——酣眠固不可少，小睡也别有风味的。月光是隔了树照过来的，高处丛生的灌木，落下参差的斑驳的黑影，峭楞楞如鬼一般；弯弯的杨柳的稀疏的倩影，却又像是画在荷叶上。塘中的月色并不均匀；但光与影有着和谐的旋律，如梵婀玲上奏着的名曲。

荷塘的四面，远远近近，高高低低都是树，而杨柳最多。这些树将一片荷塘重重围住；只在小路一旁，漏着几段空隙，像是特为月光留下的。树色一例是阴阴的，乍看像一团烟雾；但杨柳的丰姿，便在烟雾里也辨得出。树梢上隐隐约约的是一带远山，只有些大意罢了。树缝里也漏着一两点路灯光，没精打采的，是渴睡人的眼。这时候最热闹的，要数树上的蝉声与水里的蛙声；但热闹是它们的，我什么也没有。

忽然想起采莲的事情来了。采莲是江南的旧俗，似乎很早就有，而六朝时为盛；从诗歌里可以约略知道。采莲的是少年的女子，她们是荡着小船，唱着艳歌去的。采莲人不用说很多，还有看采莲的人。那是一个热闹的季节，也是一个风流的季节。梁元帝《采莲赋》里说得好：

于是妖童媛女，荡舟心许；鹢首徐回，兼传羽杯；棹将移而藻挂，船欲动而萍开。尔其纤腰束素，迁延顾步；夏始春余，叶嫩花初，恐沾裳而浅笑，畏倾船而敛裾。

可见当时嬉游的光景了。这真是有趣的事，可惜我们现在早已无福消受了。

于是又记起《西洲曲》里的句子：

采莲南塘秋，莲花过人头；低头弄莲子，莲子清如水。今晚若有采莲人，这儿的莲花也算得“过人头”了；只不见一些流水的影子，是不行的。这令我到底惦着江南了。——这样想着，猛一抬头，不觉已是自己的门前；轻轻地推门进去，什么声息也没有，妻已睡熟好久了。

步骤三：文件用“另存为”的方式，存放置D：\，文件名为“朱自清的《荷塘月色》”。

任务二　编辑 Word 2013 文本

在Office 2013 套装软件中，文本编辑方式统一。该环节知识点介绍可以适用于套装软件中大部分的文本编辑模块。

一、选定文本

在文本某处插入、删除、修改、复制、移动某些内容，查找和替换指定的文本等都是基本的编辑操作。在 Word 中大多数的操作只对选定的文本有效，这是“先选定，后操作”的规则。选定文本有两种方式：使用鼠标选定、使用键盘选定。

（一）用鼠标选定文本

（1）选定任意大小的文本区：首先将鼠标指针移动到要选定文本的开始处，然后按鼠标左键不放拖动到最后一个字符后松开。

（2）选定大块或长文本：鼠标指针单击要选定区域的开始处，然后按住 Shift 键不放，再单击该区域的末尾。

（3）选定不连续的文本：先选定第一区，然后按住 Ctrl 键不放，依次选择第二区、第三区…… 直到最后一个区域。

（4）选定一个矩形区域：按住 Alt 键不放，将鼠标指针指向所选区域的左上角按住鼠标左键拖动至右下角即可。

（5）选定一个词语：将鼠标指针移到该词语处连击两下。

（6）选定一个句子：按住 Ctrl 键，在该句子的任意处单击鼠标。

（7）选定一个段落：将鼠标指针移到该段落任意处连击三下。

（8）利用文档左侧选定区进行选择：将鼠标指针移动这一行的左端，鼠标指针变成右上指的箭头时，单击鼠标选定一行文本；双击选定一段；三击左键选定整个文档（也可以单击“编辑”下拉菜单中的“全选”命令或直接按“Ctrl+A”选定）；按鼠标左键拖动则选定多行文本。

（二）用键盘选定文本

Word 提供了一整套利用键盘选定文本的方法，主要是通过 Ctrl、Shift 和方向键来实现的，常见的操作如表 2–1 所示。

表 2–1　　选择文本用的快捷键

按键	作用	按键	作用
Shift+ ↑	向上选定一行	Ctrl+ Shift+ ↑	选定内容扩展至段首
Shift+ ↓	向下选定一行	Ctrl+ Shift+ ↓	选定内容扩展至段尾
Shift+–	向左选定一个字符	Shift+ Home	选定内容扩展至行首
Shift+→	向右选定一个字符	Shift+ End	选定内容扩展至行尾
Ctrl+A	选定整个文档	Shift+ Pgup	选定内容向上扩展一屏
Ctrl+ Shift+ End	选定内容扩展至文档结尾	Shift+ Pgdn	选定内容向下扩展一屏

做中学

随堂测试，每组选派一个代表，随机抽取快捷键进行问答，看谁说得又快又准。

补充知识

Word 2013 中，合并多个文档之后，尽量保持原格式不变的方法。

（1）新建一个文件夹（方便查找），将需要合并的文档放进去；

（2）在该文件夹下新建一个文档，命名为“合并文档”；

（3）打开“合并文档”，选择“插入” > “文本” > “对象” > “对象中的文字”，选择你要插入的文档；

（4）保存。

二、插入和删除文本

（一）插入文本

在“插入”方式下，只要将插入点移到要插入文本的位置，输入新文本就可以了，这时插入点右边的字符随之向右移动。在“改写”方式下，插入点右边的字符将被新输入的字符所替代。

（二）删除文本

删除少量字符最简单的方法是：将插入点移到该处，然后按 <Delete> 键删除插入点右边的字符，按 <Backspace> 键删除插入点左边的字符。要删除几行或一大块文本，首先选定要删除的文本，然后按 <Delete> 键（或者单击工具栏中的“剪切”按钮）。

三、移动文本

（一）使用菜单命令移动文本

具体操作步骤如下：

步骤一：选定要移动的文本。

步骤二：执行“剪切”操作（可以选择“编辑”下拉菜单中的“剪切”命令或者工具栏中的“剪切”按钮，还可以将鼠标指向选定文本单击右键从弹出的快捷菜单中选“剪切”命令），将选定对象临时保存在剪贴板上。

步骤三：将光标移到目标位置。

步骤四：执行“粘贴”操作（可以选择“编辑”下拉菜单中的“粘贴”命令或者工具栏中的“粘贴”按钮，还可以将鼠标指向选定文本单击右键从弹出的快捷菜单中选“粘贴”命令）。

（二）使用鼠标拖动文本

如果要移动的文本较短，而且目标位置和原来位置在同一屏中，那么用鼠标拖动更为简捷。步骤如下：

步骤一：选定要移动的文本。

步骤二：将鼠标指针移到所选定的文本区，指针变成向左上指的箭头。

步骤三：按住鼠标左键不放拖动，这时鼠标指针下方出现一个灰色的矩形，并在其前方出现一虚竖线，表示文本要插入的位置。

步骤四：拖动至目标位置松开左键。

注意：如果按鼠标右键拖动至目标位置时，则弹出快捷菜单（如图 2-12所示），从中选择“移动到此位置”就可以了。

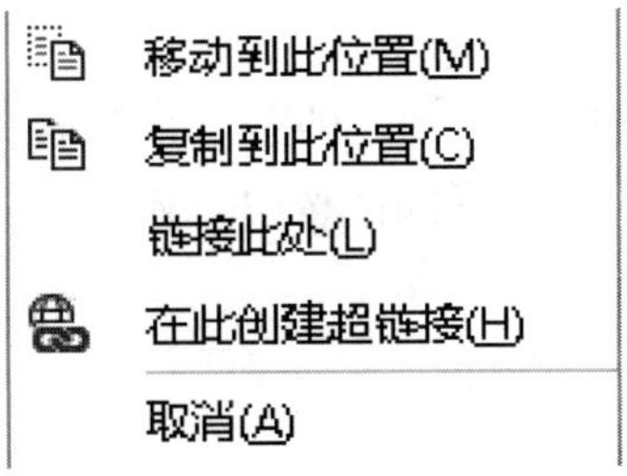

图 2-12 拖动文本

议一议

有什么快捷方法能迅速定位到需要插入的位置?

四、复制文本

(一)使用菜单命令移动文本

具体操作步骤如下:

步骤一:选定要复制的文本。

步骤二:执行“复制”操作(可以选择“编辑”下拉菜单中的“复制”命令或者工具栏中的“复制”按钮,还可以将鼠标指向选定文本单击右键从弹出的快捷菜单中选“复制”命令),将选定对象临时保存在剪贴板上。

步骤三:将光标移到目标位置。

步骤四:执行“粘贴”操作(可以选择“编辑”下拉菜单中的“粘贴”命令或者工具栏中的“粘贴”按钮,还可以将鼠标指向选定文本单击右键从弹出的快捷菜单中选“粘贴”命令)。

想一想

把复制的文本粘贴到另一个文件中,又想保持原格式不变,该如何操作?

(二)使用鼠标拖动文本

具体操作步骤如下:

步骤一:选定要复制的文本。

步骤二:将鼠标指针移到所选定的文本区,指针变成向左上指的箭头。

步骤三:按住 Ctrl 键,再按住鼠标左键不放拖动,这时鼠标指针下方出现一个灰色的矩形和一个带“十”号的矩形,并在其前方出现一虚竖线,表示文本要插入的位置。

步骤四:拖动至目标位置松开左键,即将文本复制到此位置。

注意:如果按鼠标右键拖动至目标位置时,则弹出快捷菜单,从中选择“复制到此位置”就可以了。

五、查找与替换

在文字编辑中，经常要快速查找某些文字，或将整个文档中给定的文本替换掉，可以通过“编辑”菜单的“查找”或“替换”命令打开“查找和替换”对话框来实现。

议一议

怎样快速删除多余的段落标记?

（一）查找文本

（1）简单查找，操作步骤如下：

单击“开始”菜单中的“查找”命令，编辑区左边弹出“查找导航窗格”，在此进行“搜索文档”的信息查找，如图 2–13 所示。

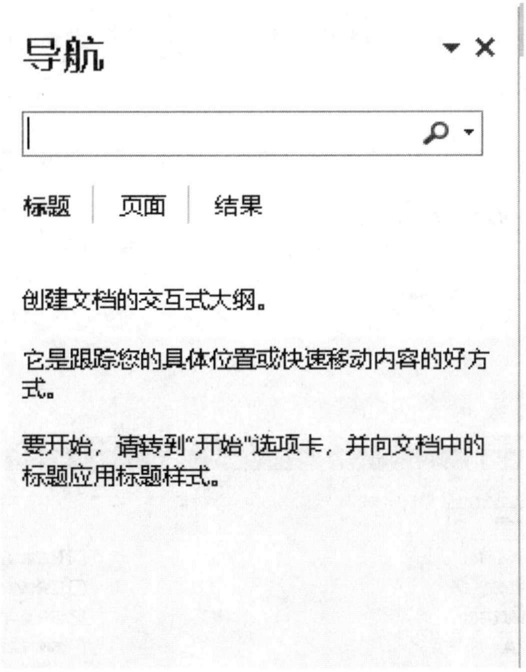

图 2–13　查找文本

（2）高级查找，操作步骤如下：

步骤一：在“查找导航窗格”点击下拉菜单，选择“高级查找”选项，找到“高级查找”选项，打开“查找和替换”对话框；或点击“开始”菜单中的“查找”——“高级查找”命令，如图 2–14 所示。

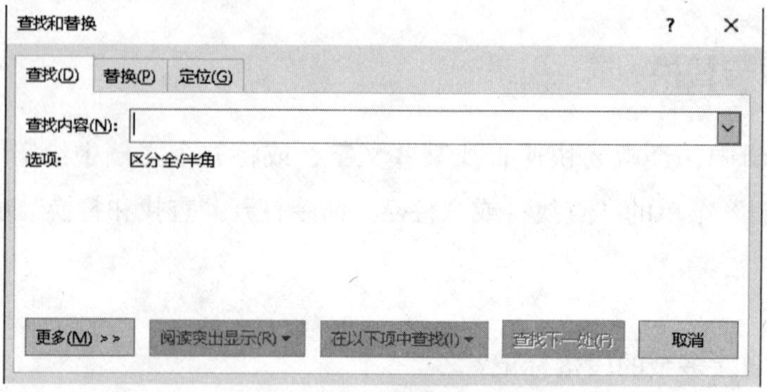

图 2-14　查找文本

步骤二：在“查找内容”框内键入要查找的文字。

步骤三：选择其他所需选项。

步骤四：单击“查找下一处”。

（3）复杂查找，操作步骤如下：

在上一项基础上，点击图 2-14 中“更多”，打开搜索选项，以及“格式”“特殊格式”，如图2-15所示。

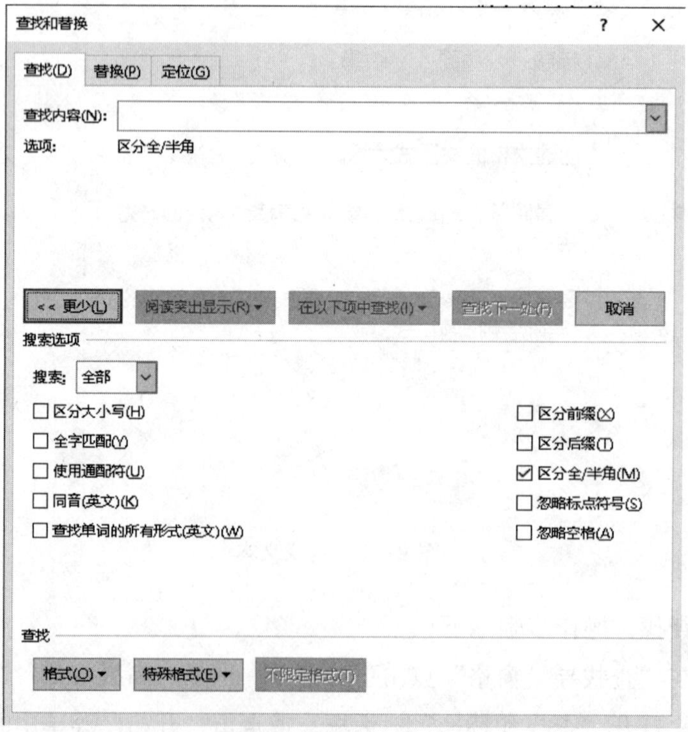

图 2-15　查找文本

（二）替换文字

具体操作步骤如下：

步骤一：单击“编辑”菜单中的“替换”命令。

步骤二：在“查找内容”框内输入要搜索的文字。

步骤三：在“替换为”框内输入替换文字。

步骤四：选择其他所需选项。

步骤五：单击“查找下一处”“替换”或者“全部替换”按钮。注：同查找一样，进行更多的、复杂的替换操作。

六、撤销与恢复

在对文档编辑过程中，可能会对某个对象进行了错误的操作。这时可以利用 Word 2013 的“撤销”功能撤销这些操作。撤销上一个操作可以输入快捷键“Ctrl+Z”，也可以单击屏幕左上角快速访问工具栏上“撤销”按钮，如图 2–16 所示。

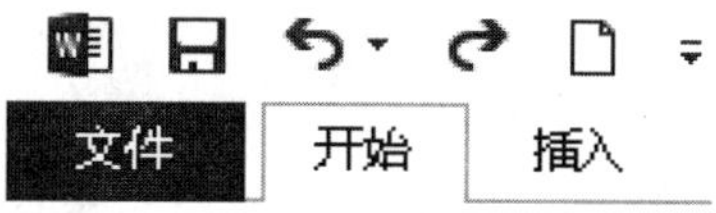

图 2–16　撤销与恢复

要撤销前几个操作，单击“常用”工具栏“撤销”按钮右边的箭头，Word 2013 将显示最近执行的可撤销操作的列表，如图 2–17 所示。将鼠标下移使其变为黄色，单击鼠标则黄色的所有操作全部被撤销。

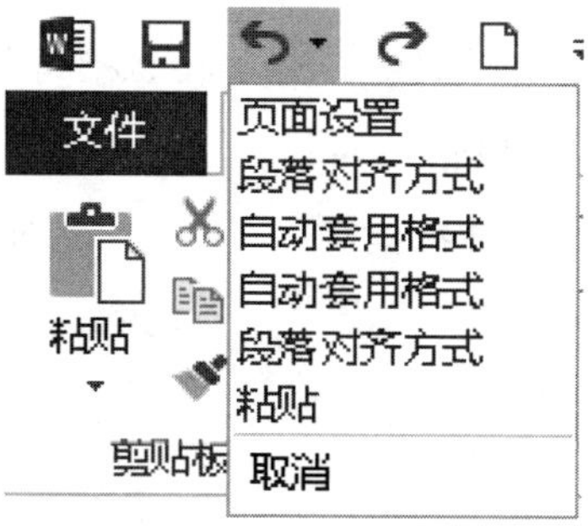

图 2–17　撤销与恢复

如果撤销了某些操作后又想恢复这些操作，单击工具栏上的“恢复”按钮右侧的下拉箭头或单击“编辑”菜单中的“恢复”命令就可以恢复前面被撤销的一个或几个操作。

议一议

如果制作的文件因忘记保存而导致丢失，怎样能快速地找回原文件?

练习题

一、选择题

1.设置字符格式用哪种操作（　　）。

A.“格式”工具栏中的相关图标　　B.“常用”工具栏中的相关图标

C.“格式”菜单中的“字体”选项　　D.“格式”菜单中的“段落”选项

2.将插入点定位于句子“飞流直下三千尺”中的“直”与“下”之间，按一下DEL键，则该句子（　　）。

A.变为“飞流下三千尺”　　B.变为“飞流直三千尺”

C.整句被删除　　D.不变

3.Word 2013 的特点描述正确的是（　　）。

A.一定要通过使用“打印预览”才能看到打印出来的效果

B.不能进行图文混排

C.即点即输

D.无法检查英文拼写及语法错误

二、填空题

1.在 Word 中向前滚动一页，可用按下（　　　　）键完成。

2.当执行了误操作后，可以单击（　　　　）按钮撤销当前操作，还可以从（　　　　）列表中执行多次撤销或恢复多少撤销的操作。

3.执行撤销操作，可以使用快捷键（　　　　），也可以使用快速访问工具栏上的撤销按钮。恢复和重复的快捷键是（　　　　），也都可以使用快速访问工具栏上的按钮来执行操作。

三、判断题

1.如果需要对文本格式化，则必须先选择被格式化的文本，然后再对其进行操作。（　　）

2.使用 delete 命令删除的图片，可以粘贴回来。（　　）

实训操作

1. 打开素材“朱自清的《荷塘月色》.docx”。复制第四段“曲曲折折的荷塘上面，弥望的是田田的叶子。叶子出水很高，像亭亭的舞女的裙……”到文档尾部。

2. 将第三段“路上只我一个人，背着手踱着……”移到第四段后。

3. 将全文所有的“我”替换为“他”。

任务三　设置 Word 2013 的文档格式

在文档中输入内容，经过编辑后，要使之成为图文并茂、赏心悦目的文章，还需要对它进行各种格式设置。如字符格式、段落格式、边框和底纹、添加项目符号和编号等。

一、设置字符格式

在 Word 2013 中字符可以是一个汉字、一个字母、一个数字或一个单独的符号，字符的格式设置包括字符的字体、字型和字号。此外还可以设置文字的颜色、边框、加下划线或着重号和改变字符间距等。可以用“字体”工具栏如图 2–18 中的工具按钮来设置文字的格式。

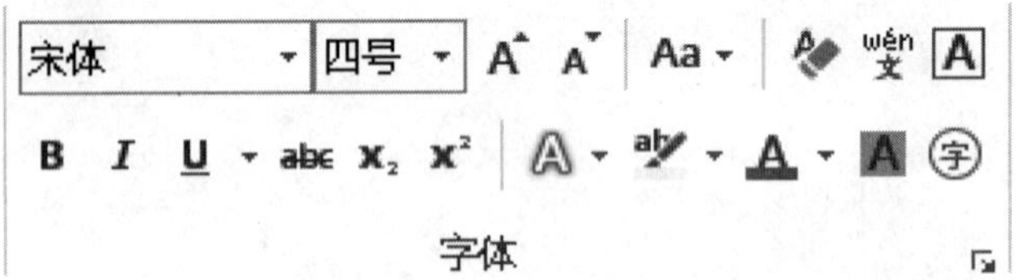

图 2–18　设置字符格式

Word 2013 中的字体格式由 Windows 系统字库决定，可以根据自身需求增减。

（一）设置字体、字形、字号和颜色

（1）用“字体”工具栏设置文字的格式，具体操作步骤如下：

首先选定要设置格式的文本。可以通过“字体”“字号”下拉按钮，选择需要的字体、字号，如图2–19、图2–20所示。

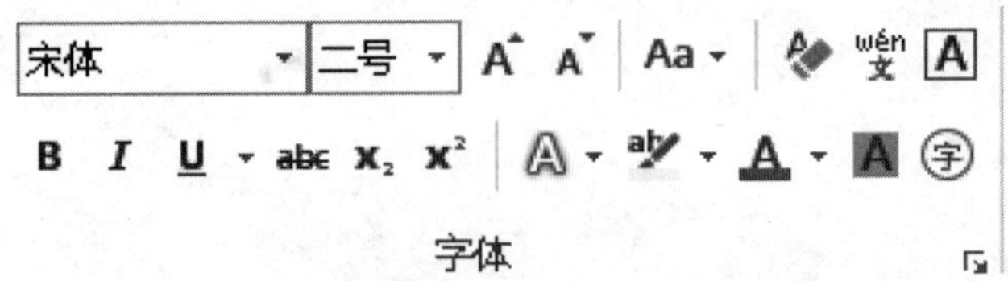

图 2–19　设置字体、字形、字号和颜色

宋体、华文行楷、黑体、隶书、楷体、

华文彩云、华文琥珀、方正舒体……

六号、五号、四号、三号、二号、初号

12、20、36、72

图 2-20　设置字体、字号

可以从“文本效果”和“字体颜色”列表框中选择需要的样式和颜色。（颜色分：主题颜色、标准色；文本效果格式有：字体轮廓、字体阴影、字体映像、字体发光设置等）如果需要，可通过“加粗”“倾斜”“下划线”“拼音指南”“字符边框”“字符底纹”或“字符缩放”等按钮，给所选文字设置相应的格式，如图2-21所示。

文本效果、字体颜色、渐变填充

pīn yīn
拼音、**加粗**、*倾斜*、<u>下划线</u>、字符边框、

字符底纹、带圈文字

图 2-21　设置字号、颜色

（2）用“字体”下拉菜单对话框中的“字体”可以对文字格式进行详细的设置，如图2-22所示。

选定要设置格式的文本后。可以通过打“中文字体”“西文字体”列表选定所需字体。在“字形”和“字号”列表框中可以选定所需的字形和字号。单击“字体颜色”列表框的下拉按钮，可以通过“颜色”列表选定所需的颜色。另外还可以为文字设置下划线样式、添加着重号、删除线、上标、下标、阴影等效果，如图2-23所示。

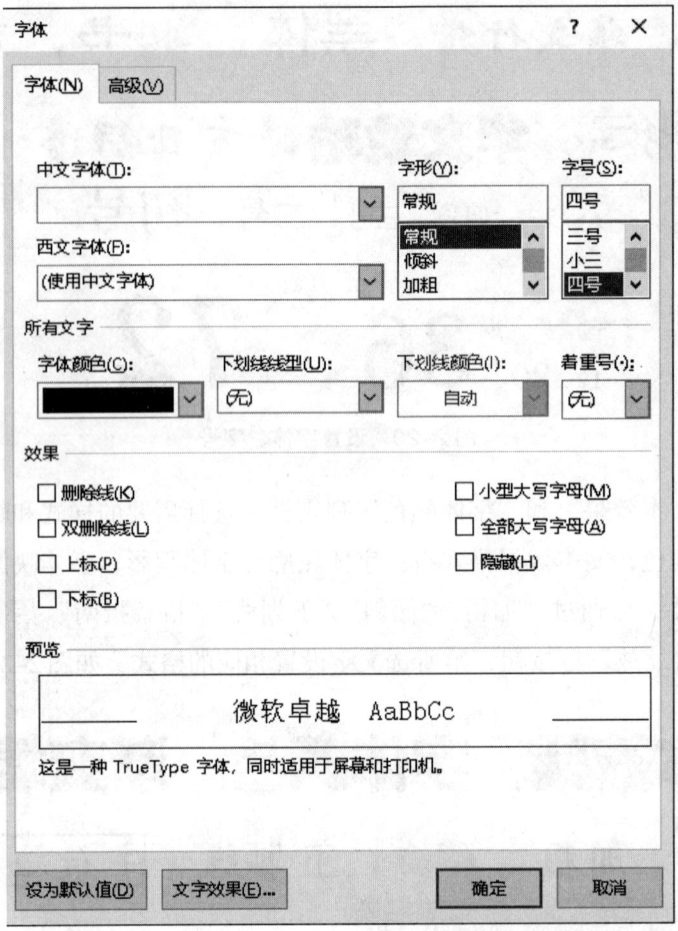

图 2-22 设置字体

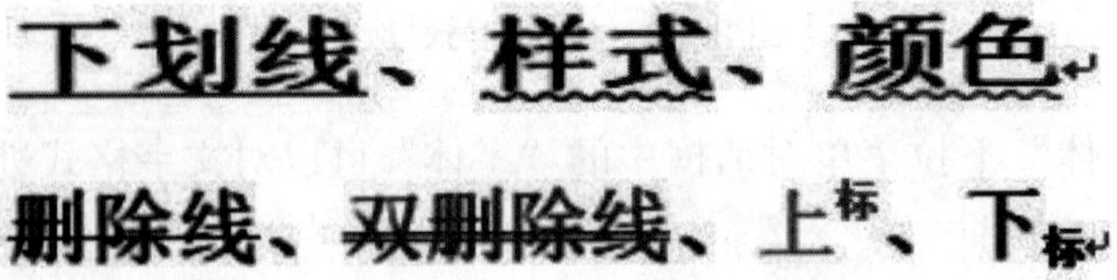

图 2-23 设置下划线

注意

在“预览”框中查看所设置的字体，确认后单击“确定”按钮。

（二）改变字符间距

由于排版的原因，需要改变字符间距，具体操作如下：

（1）选定要改变字符间距的文本。

（2）单击“字体”下拉菜单，打开“字体”对话框，再选择“高级”选项卡，如图2–24所示。

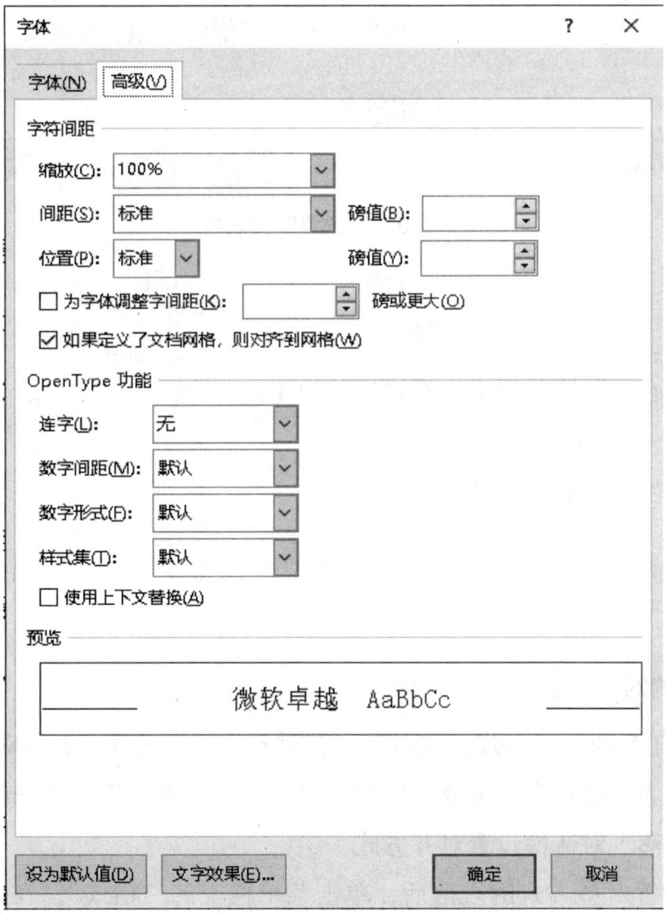

图2–24　设置字符间距

（3）在“缩放”列表框中可选择缩放的百分比，如图2–25所示。

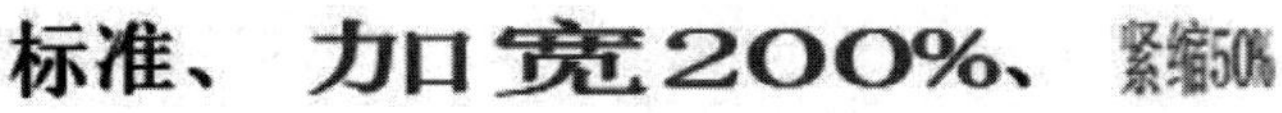

图2–25　缩放的百分比

（4）“间距”列表框中有标准、加宽、紧缩三种间距。如选定“加宽”或“紧缩”时，则应在其右边“磅值”中填上具体的间距值，如图2-26所示。

标准间距、加　宽　1 5 磅　、紧缩磅

图 2-26 “间距”列表框

（5）在“位置”列表框中有标准、提升或降低三种位置。选定“提升”或“降低”时应在右边的“磅值”中填上具体的提升或降低的数值，如图2-27所示。

标准、提升20磅、降低10磅、标准

图 2-27 “位置”列表框

注意

设置时，可在“预览”框中查看设置的效果。

二、段落格式设置

段落格式设置主要是对段落的对齐方式、段落的缩进方式、段落之间的间距和行距设置。

（一）段落的对齐方式

Word 中共有 5 种对齐方式：左对齐、右对齐、居中对齐、分散对齐和两端对齐。默认的对齐方式为两端对齐。可分别使用“段落”对话框、工具栏来设置对齐方式。

1. 使用“段落”对话框设置对齐方式

选中需要设置对齐方式的段落后，单击菜单栏上的“格式”，在其下拉菜单中选“段落”命令，打开“段落”对话框，如图 2-28 所示。在“对齐方式”的列表选项里选择需要设置的对齐方式即可。

2. 使用工具栏设置对齐方式

选定段落后，单击工具栏上相应的对齐方式的按钮（如图 2-29 所示）即可。

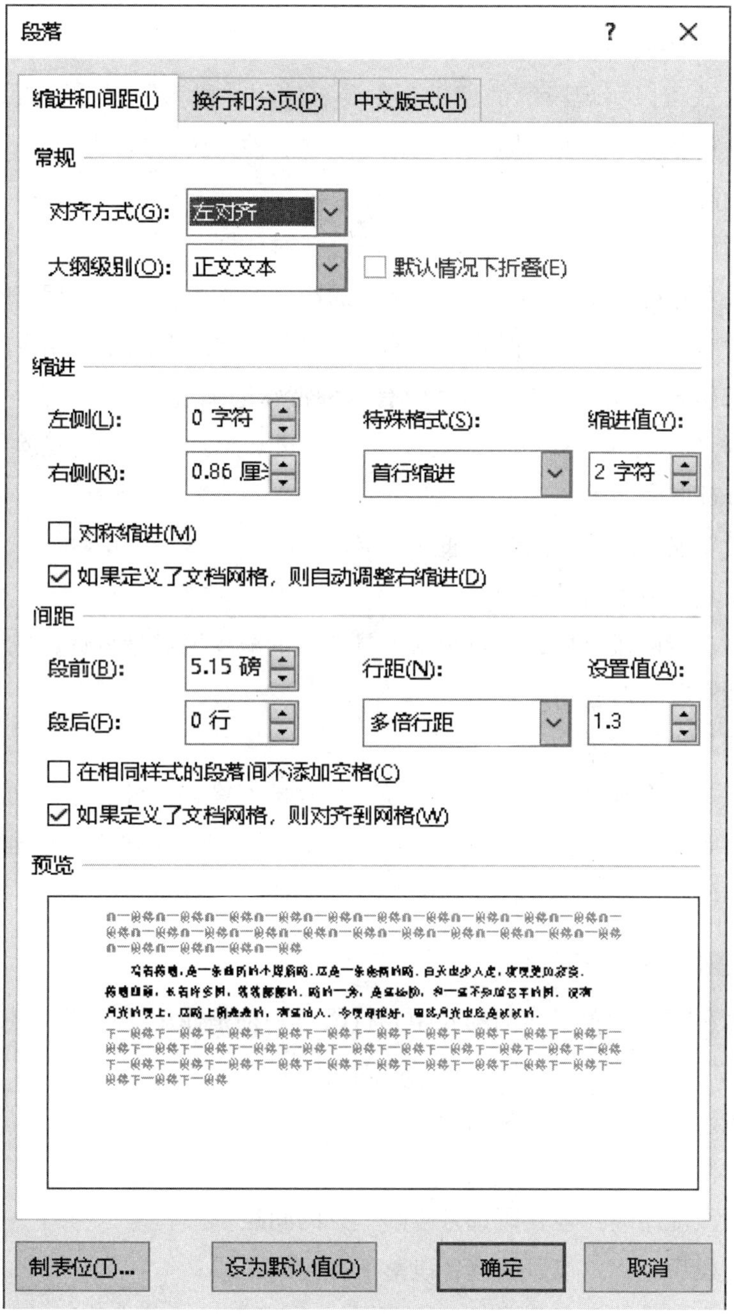

图 2–28　段落对齐方式

图 2–29　段落对齐方式

（二）段落的缩进

有很多方法可以实现段落的缩进，主要有使用“段落”对话框设置缩进、使用“工具栏”设置缩进和使用“标尺”设置缩进这三种方法。

1. 使用段落对话框

选定需要设置缩进的段落后，打开“段落”对话框。

（1）设置左缩进。输入数值后，所选择的段落的左边会向右按相应的距离缩进。

（2）设置右缩进。输入数值后，所选择的段落的右边会向左按相应的距离缩进。

（3）特殊格式。在特殊格式列表中有两种特殊的缩进方式，“首行缩进”和“悬挂缩进”。首行缩进，就是段落的第一行向内缩进。悬挂缩进，就是除了段落的第一行，其余部分都向内缩进。

注意：设置缩进时的距离单位通常有字符、厘米、英寸等几种。

2. 使用工具栏设置缩进

选中需要设置的段落后，通过单击工具栏上的减少缩进量按钮，或者增加缩进量按钮，来实现对段落缩进的设置。

3. 使用标尺设置缩进

在标尺上可以看到 4 个标记，一个位于标尺的右端，另外三个分别位于标尺的左端。将鼠标移到这些标记上，会分别显示“右缩进”“首行缩进”“悬挂缩进”和“左缩进”的提示信息。鼠标指针指向其中之一按左键拖动则可改变各种缩进量。

（三）设置段落间距和行距

主要有两种方法设置段落间的间距和行距：一种是使用“段落”对话框，另一种是使用“格式”工具栏。

1. 使用段落对话框设置间距和行距

打开“段落”对话框。

（1）设置段前距离：设置所选各段落上方的间距量。

（2）设置段后距离：设置所选各段落下方的间距量。

（3）设置行距：设置行与行之间的距离。如果选择“最小值”“固定值”或“多倍行距”，则可以在旁边的设置值处输入合适的数值。设置完后，单击“确定”按钮，执行设置的选项。如果单击“取消”按钮，则保留上一次执行的设置选项。

2. 使用“工具栏”设置行距

选中需要设置的段落后，通过单击工具栏上的行和段落间距按钮，来实现对段落行间距的设置。

三、项目符号与编号

为了能清楚地表示文章中的几个要点，理清顺序，我们经常要使用到项目符号与编号。单击菜单栏上的“段落”菜单中的“项目符号库”“编号库”命令，打开“项目符号库”“编号库”对话框。你可以在这个对话框中设置项目符号、编号、多级符号或列表样式。

（一）设置项目符号

单击“项目符号库”下拉菜单，可选择合适的符号，如图 2–30 所示。

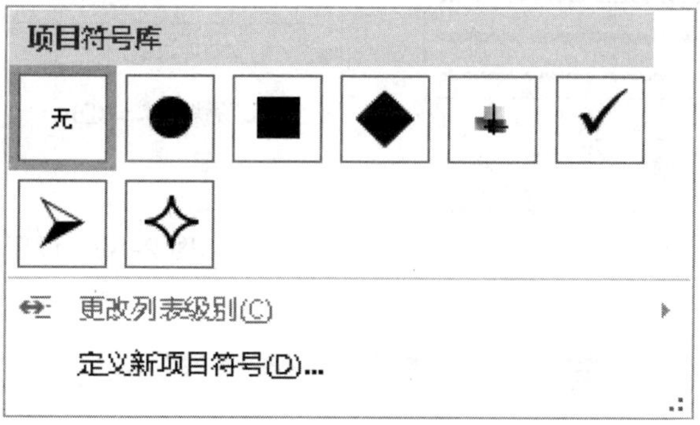

图 2–30　项目符号库

如果找不到合适的符号，也可通过“定义新项目符号”选择符号、图片、字体等，如图 2–31 所示。

（二）设置编号

单击“编号库”下拉菜单，可选择合适的数字编号，如图 2–32 所示。

（三）设置多级符号

有时我们在写文档时需要将一个较大的问题分成若干个较小的问题来说明，为了清晰地表现这些问题，需要用到二级符号，甚至是三级符号。Word 提供设置多级符号的功能。单击“多级列表”下拉菜单，打开“列表库”对话框，如图 2–33 所示。

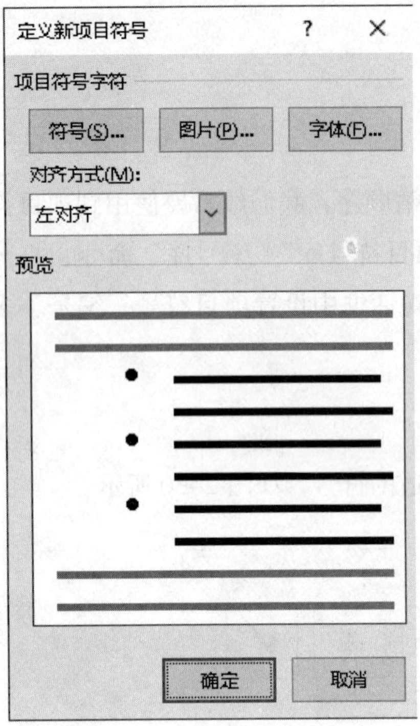

图 2-31

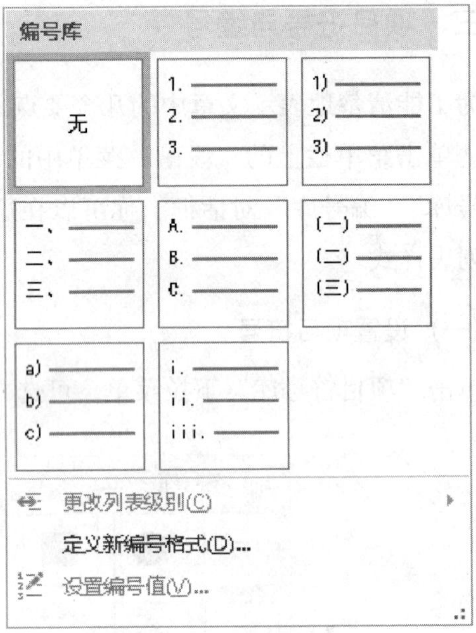

图 2-32　设置编号

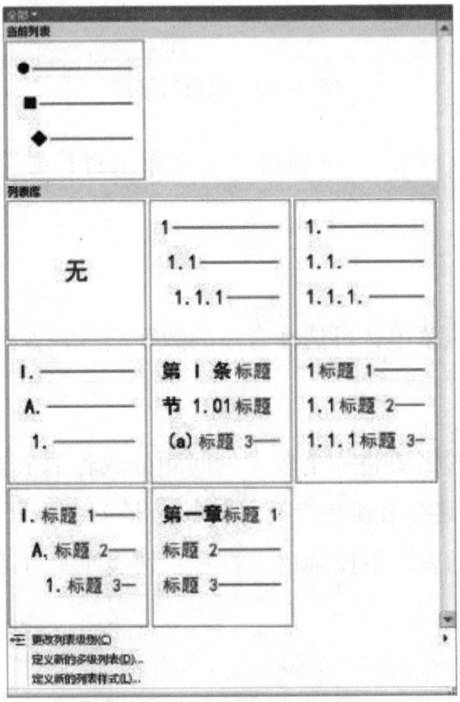

图 2-33　设置多级符号

议一议

设置多级列表有什么意义？

四、中文版式

在 Word 2013 的“段落”菜单下有一个“中文版式”子菜单，如图 2-34 所示。其下有“纵横混排”“合并字符”和“双行合一”等命令。熟悉这些命令并合理使用它们，能够制作出很多的特殊效果。

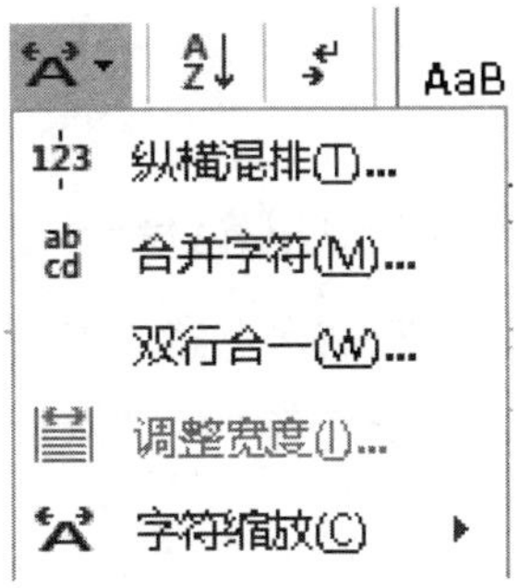

图 2-34 中文版式

（一）纵横混排

文档中采用纵横混排的形式，可以达到一种非常奇特的排版效果。

纵横混排的操作步骤是，选中将要进行纵向排版的文字“祝你”，然后选择“中文版式”子菜单中的“纵横混排”命令，打开“纵横混排”对话框。将“适应行宽”前的勾选去掉，单击“确定”按钮即可达到图 2-35 所示效果。

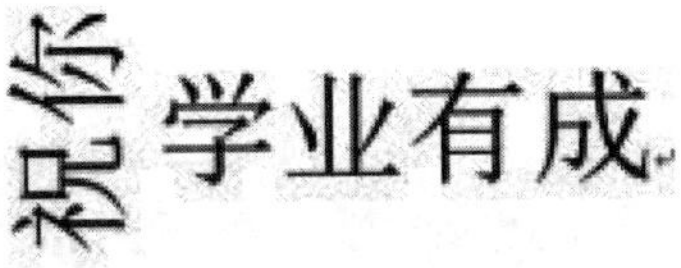

图 2-35 纵横混排

查一查

MS-DOS 的版本有哪些。

（二）合并字符

Word 2013 中利用合并字符功能可以将多个字符压缩组合到一起，如图2-36所示。

选定希望压缩的字符，单击“格式”菜单中“中文版式”子菜单中的“合并字符”命令。打开“合并字符”对话框。在“字体”和“字号”框中，设置所需字体和字号。单击“确定”按钮即可将选定的文字合并组合到一起。

合并字符最多可以合并 6 个字符。若要合并更多的字符，必须使用“双行全一”

功能，将两行文字压缩为一行。

若要清除压缩的字符格式，可选定压缩的字符，单击“合并字符”命令，然后单击“删除”按钮。

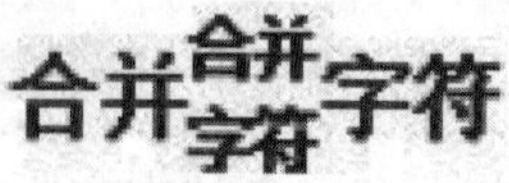

图 2–36　合并字符

（三）双行合一

将插入点置于希望插入“双行合一”文字的地方。选择“格式”菜单中“中文版式”子菜单中的“双行合一”命令。打开“双行合一”对话框，如图 2–37 所示。

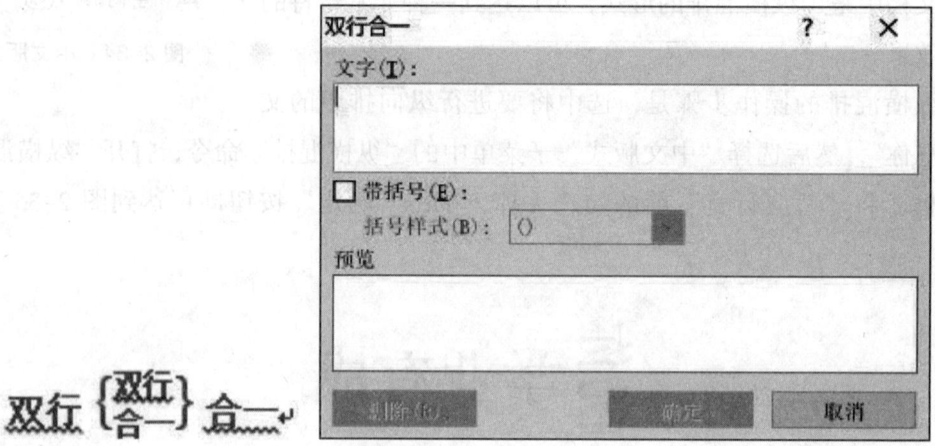

图 2–37　双行合一

在“文字”框中，输入需要进行双行合一操作的字符，输入的文字将显示在“预览”框中。若要自动输入包含双行合一文字的括号，可选中“带括号”复选框，然后在“括号类型”框中选择所需括号。

注意：若要删除已显示为双行合一格式的文字，选定该文字并按 <Delete> 键。若要清除“双行合一”格式并将其转换为普通文字，选定显示为双行合一格式的文字，然后单击“双行合一”对话框中的“删除”按钮。

在“文字”框中，输入需要进行双行合一操作的字符，输入的文字将显示在“预览”框中。若要自动输入包含双行合一文字的括号，可选中“带括号”复选框，然后在“括号类型”框中选择所需括号。

五、给文本添加边框和底纹

利用“段落”下拉菜单中的“边框和底纹”命令按钮，会得到更多效果，如图2–38所示。

图 2–38　边框和底纹

具体操作步骤如下：

步骤一：选定要加边框和底纹的文本。

步骤二：单击“段落”菜单中的“边框和底纹”命令按钮，打开如图2–39所示的“边框和底纹”对话框。

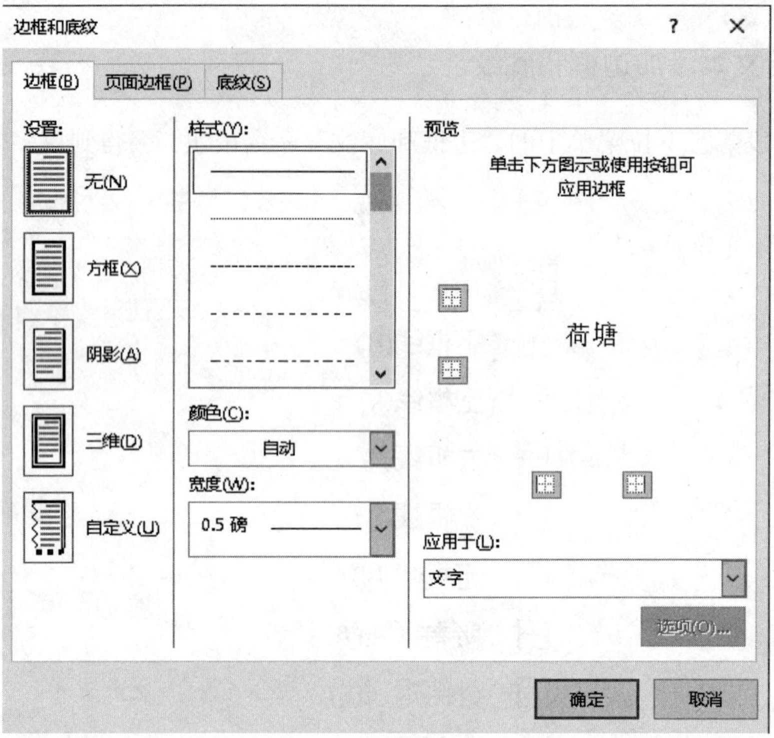

图 2–39　边框和底纹

步骤三：在“边框”选项卡的设置线型、颜色、宽度等列表中选定所需的参数。在“应用范围”列表框中应选定为“段落”或“文字”。右边“预览”框中可查看结果，单击“确定”按钮确认退出。

步骤四：如果要加底纹则单击“底纹”标签，在选项卡中选择填充颜色和图案样式及颜色；在“应用范围”列表框选定为文字；同样在“预览”框中查看，确认后单击“确定”按钮。

议一议

怎么在Word中打钩?

六、分隔符和分栏

(一) 分页

Word 2013 具有自动分页的功能，当输入的文本或插入的图形满一页时 Word 会自动分页。编辑排版后，Word 会根据情况自动调整分页的位置。有时为了将文档的某一部分内容单独形成一页，可以插入分页符进行人工分页。插入分页符的步骤是：

步骤一：将插入点移到新的一页的开始位置。

步骤二：单击“页面布局”菜单中的“分隔符”命令，打开“分隔符”对话框，如图 2–40 所示。在其中选定“分页符”选项，并单击“确定”按钮。

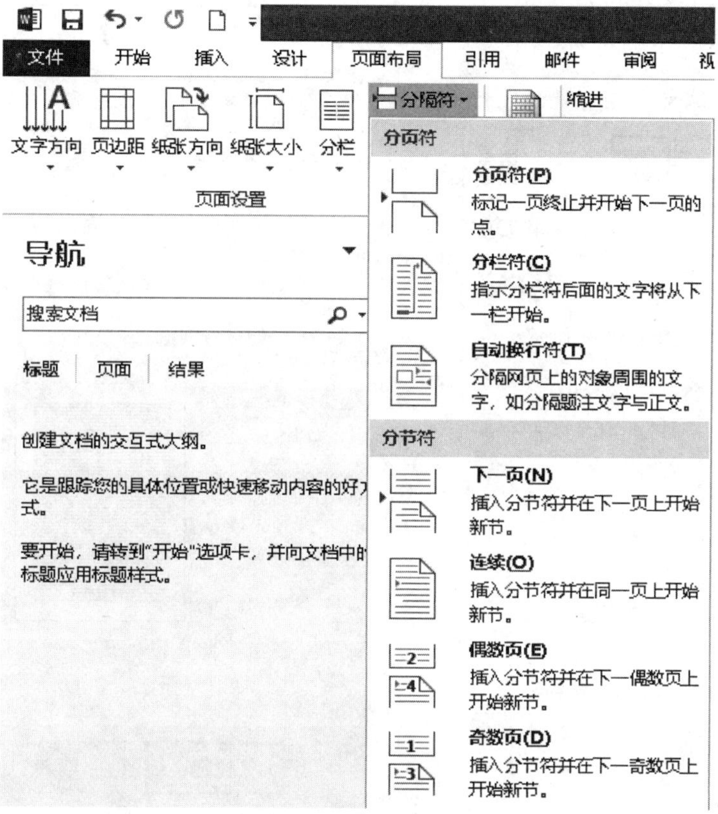

图 2–40 分隔符

（二）分节

在文档中插入分节符的方法是：将光标移到需插入分节符处，单击“分隔符”，再在分隔符对话框上选定需插入的分节符，然后单击确定。

注意：如果在奇数页上插入奇数页分节符，Word 会将下一页（偶数页）留为空白页，且不在视图上显示。在偶数页上插入偶数页分节符，将出现类似情况。

（三）分栏

分栏排版使版面显得更为生动、活泼，增强可读性。Word 提供了分栏功能。进行分栏的操作如下：

（1）如要对整个文档分栏，可将插入点置于文本的任意位置；如要对部分段落分栏，则应先选定这些段落。

（2）单击“页面布局”菜单中的“分栏”命令，打开“更多分栏”对话框，如图 2–41 所示。

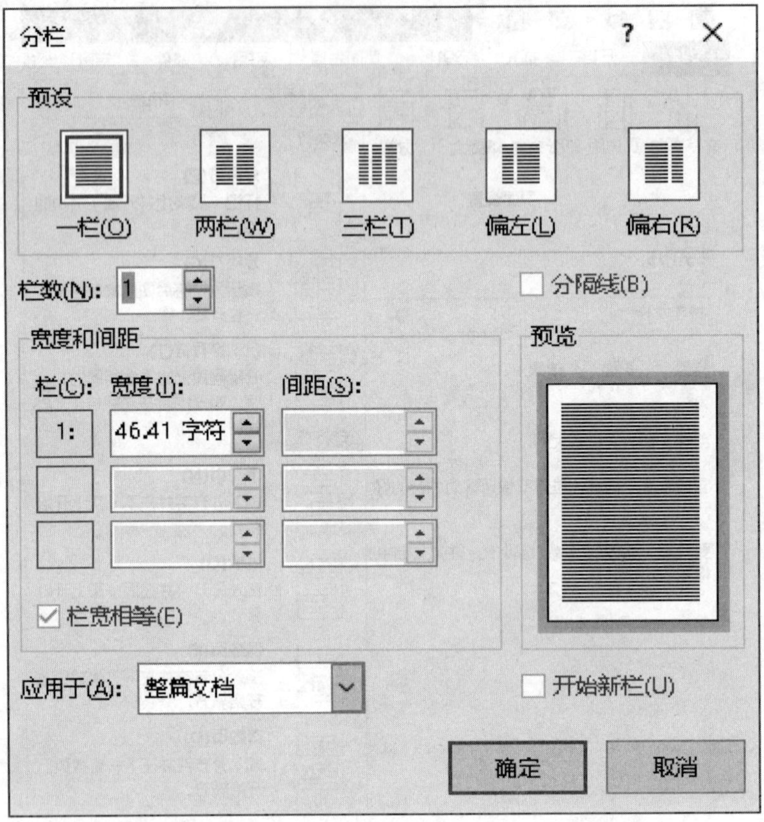

图 2–41　分栏

（3）选定“预设”框中的分栏格式，或在“栏数”框中键入分栏数，在“宽度和间距”框中设置栏宽和间距。

（4）单击“栏宽相等”复选框，则栏宽相等，否则可以逐栏设置宽度。

（5）单击“分隔线”复选框，可以在各栏之间加一分隔线。

（6）应用范围有“整个文档”“插入点之后”“选定文本”等，根据具体情况选定后，单击“确定”按钮。

议一议

折叠怎么让 Word 中文字随文本框大小变化？

七、格式刷

复制一部分文字格式刷在另外的文字上，使其具有相同的格式，如图 2–42 所示。操作步骤如下：

步骤一：选定已设置格式的文本。

步骤二：单击“剪切板”工具栏中的“格式刷”按钮，此时鼠标指针变为刷子形。

步骤三：将鼠标指针移到要复制格式的文本开始处。

步骤四：拖动鼠标直到要复制格式的文本结束处，放开鼠标左键就完成格式的复制。

图 2–42　格式刷

注意：上述方法只能复制一次。如想多次使用则应双击格式刷，复制后再单击格式刷即可取消此功能。

练 习 题

一、选择题

1. 在 Word 中，对表格添加边框应执行（　　）操作。

A.“格式”菜单中的“边框和底纹”对话框中的“边框”标签项

B.“表格”菜单中的“边框和底纹”对话框中的“边框”标签项

C.“工具”菜单中的“边框和底纹”对话框中的“边框”标签项

D.“插入”菜单中的“边框和底纹”对话框中的“边框”标签项

2. 在 Word 中，调整文本行间距应选取（　　）。

A.“格式”菜单中“字体”中的行距

B.“插入”菜单中“段落”中的行距

C.“视图”菜单中的“标尺”

D.“格式”菜单中“段落”中的行距

3. 在 Word 中要使用段落插入书签应执行（　　）操作。

A.“插入”菜单中的“书签”命令

B.“格式”菜单中“书签”命令

C.“工具”菜单中的“书签”命令

D.“视图”菜单中“书签”命令

二、填空题

1. 段落格式主要包括段落对齐、段落缩进、行距、段间距和段落的修饰等。当需要对某一段落进行格式设置时，首先要（　　　）该段落，或者将插入（　　　）放在该段落中，可以开始对此段落进行格式设置。

2. 在 Word 中向前滚动一页，可用按下（　　　）键完成。

3. 将文档分左右两个版面的功能叫作（　　　），将段落的第一字放大显示的是（　　　）功能。

4. 每段首行首字距页左边界的距离称为（　　　），而从第二行开始，相对于第一行左侧的偏移量称为（　　　）。

三、判断题

1. 对当前文档的分栏最多可分为三栏。(　　)

2. 点击一次格式刷可以复制一个位置的格式，双击格式刷可以想复制几次格式都可以。(　　)

实训操作

对任意文档，尝试：标题居中对齐、首行缩进、行间距调整、纵横混排、双行合一、横线底纹、阴影边框、分隔线等操作。

任务四　了解 Word 2013 的视图模式

所谓视图模式指的是显示文档的方式。通过选择不同的显示方式，使得文档更加容易排版、编辑。Word 2013 提供了几种不同的视图模式，如图2–43所示。改变视图模式并不影响文档本身。

图 2–43　视图模式

一、页面视图模式

页面视图是 Word 2013 默认的视图模式，初次进入 Word 2013 时看到的就是页面视图。页面视图可以直接按照用户设置的页面大小进行显示，即显示文档打印的外观。它能显示页眉页脚、图文框等的正确位置。在这个视图下进行文档编辑是所见即所得的。它显示的效果与实际的打印效果一样。

单击界面右下角的页面视图按钮，即可切换到页面视图模式，或者单击菜单栏上的“视图”菜单中的“页面视图”命令，进入页面视图模式。如图 2–44 所示。页面视图最适合于进行图形对象操作以及一些其他附加内容操作时使用。在页面视图下，可以很方便地进行如插入图片、文本框、图文框、图表、媒体剪辑和视频剪辑等操作。页面视图还能起预览文档的功能。

图 2–44　页面视图模式

二、阅读版式视图

如果打开文档只是为了进行阅读，阅读版式视图将优化阅读体验。单击界面右下角的阅读版式视图按钮，即可切换到阅读版式视图模式，或者单击菜单栏上的“视图”菜单中的“阅读版式”命令，进入阅读版式模式。

阅读版式视图会隐藏除“视图选项”“翻译”“突出颜色”和“批注”工具栏以外的所有工具栏。在阅读版式视图下可以方便地增大或减小文本显示区域的尺寸，而不会影响文档中的字体大小。

阅读版式视图中显示的页面设计是为了适合屏幕阅读；这些页面不代表在打印文档时所看到的页面。如果要查看文档在打印页面上的显示，而不切换到页面视图，只要单击“视图选项”工具栏上的“显示打印页”即可，如图 2–45 所示。

如要停止阅读文档，单击“关闭”按钮或按 Esc，可以从阅读版式视图切换回来。

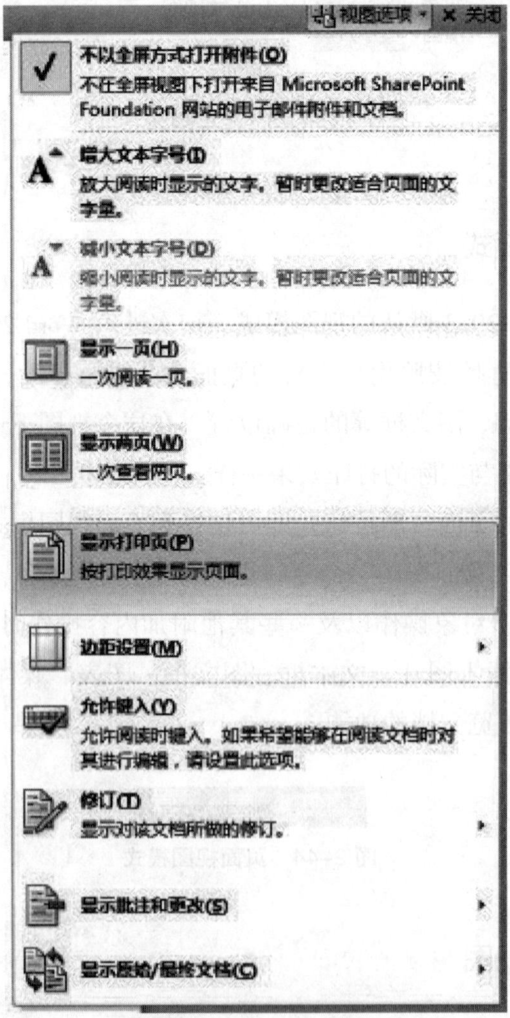

图 2–45 阅读版式视图

议一议

阅读版式视图的特点有哪些?

三、Web 版式视图模式

Web 版式视图是 Word 2013 的几种视图方式中唯一一种按窗口大小进行折行显示的视图方式（其他都是按页面大小进行显示的），主要用于 HTML 文档的编辑。在该模式下编辑的文档，可以比较准确地模拟它在网页浏览中的实际效果。单击界面右下角的Web 版式视图按钮，即可切换到 Web 版式视图模式，或者单击菜单栏上的“视图”菜单中的“Web 版式”命令，进入Web版式视图模式。

在 Web 视图下，文档会自动换行来适应窗口的大小。它不会显示分页符，所有的内容都显示在同一张页面中。它可以显示任何版式的图片，但只有当插入的图片为嵌入式时才可以设置图片的排版方式。使用 Web 视图模式，还可以设置文档的背景色。

四、大纲视图模式

大纲视图可以显示文档的层次结构，突出了文档的主干结构，如一篇文章的各级标题，一本书的章节目录等，使用户清晰地看到文档的概况。对于有章、节、标题等层次的文档，用大纲视图不但可以看到它的结构，还可以折叠文档使用户只查看到某级的标题，或者扩展文档，使用户可以查看到整个文档。单击界面右下角的大纲视图按钮，即可进入大纲视图模式，或者单击菜单栏上的“视图”菜单中的“大纲视图”命令，进入大纲视图模式。

五、草稿模式

草稿模式的特点是可获得最大编辑空间。它隐藏了所有的工具栏、状态栏，整个屏幕全用于显示文件。单击菜单栏上的“视图”菜单中的“草稿”命令，即可进入草稿模式。

如果要在全屏视图模式下使用菜单栏，可以将鼠标移至屏幕的顶端，即可显示菜单栏。将鼠标移开后，菜单栏会自动隐藏。想要退出全屏视图模式，只需单击“关闭全屏显示”按钮，或按键盘上的 <Esc> 键即可。

练习题

一、选择题

1. 能显示页眉和页脚的方式是（　　）。

A. 普通视图　　B. 页面视图

C. 大纲视图　　D. 全屏幕视图

二、填空题

Word 2013 提供了（　　　）、（　　　）、（　　　）、（　　　）、（　　　）等多种视图方式。

任务五　制作 Word 2013 的表格

在进行文字处理时经常要用到表格，恰当地使用表格可以使文档的结构更加严谨。Word 2013 具有很强的表格制作和处理功能，利用它可以制作日常工作和生活中用到的各种表格。

一、表格的制作

（一）制作简单的表格

1. 利用“插入”菜单下的“表格”按钮制作表格

步骤一：将插入点置于要插入表格的位置。

步骤二：单击工具栏中的“插入表格”按钮，出现如图2-46所示的表格模式。

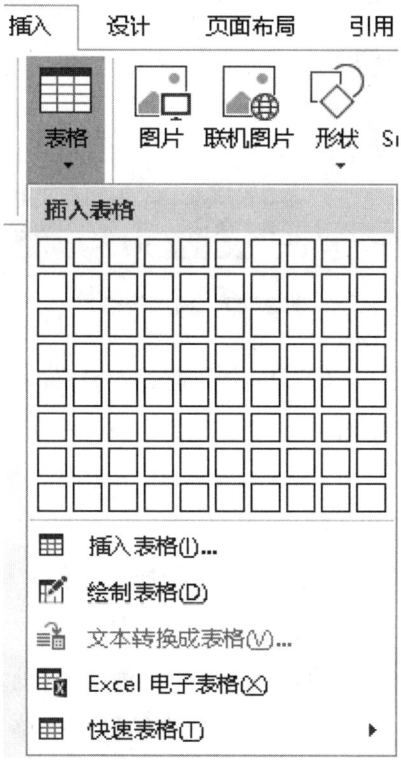

图 2-46　插入表格

步骤三：拖动鼠标，选定所需的行数和列数。放开鼠标后就在插入点插入一个表格。

2. 利用插入表格命令制作表格

步骤一：将插入点置于要插入表格的位置。

步骤二：单击“插入”菜单下的“表格”下拉菜单，打开如图 2–47 所示的“插入表格”对话框。

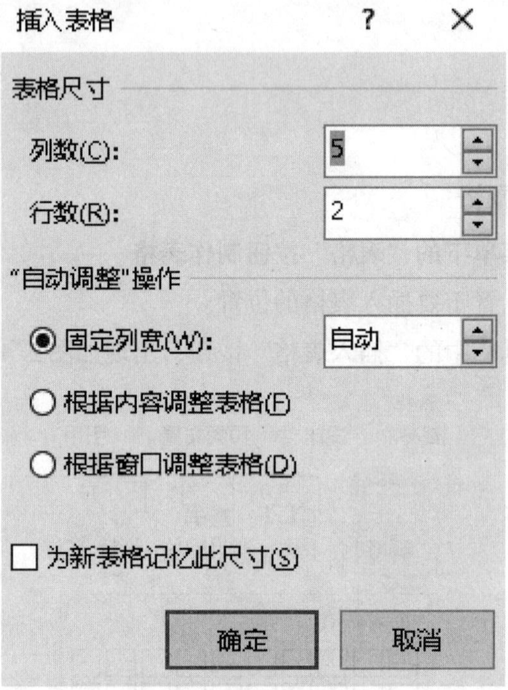

图 2–47　插入表格

步骤三：在“行数”和“列数”框中分别键入表格的行数和列数。

步骤四：单击“确定”按钮即可在插入点处插入一个表格。

3. 文本转换成表格

有些用户习惯于在输入文本时将表格的内容同时输入，并利用设置制表位将各行内容上、下对齐。然后再利用 Word 2013 的转换功能将表格文本转换成表格。将文本转换成表格的步骤如下：

步骤一：选定用制表符分隔的表格文本，如图 2–48 所示。

步骤二：单击“表格”下拉菜单中“文本转换成表格”，打开“将文本转换成表格”的对话框，如图 2–49 所示。

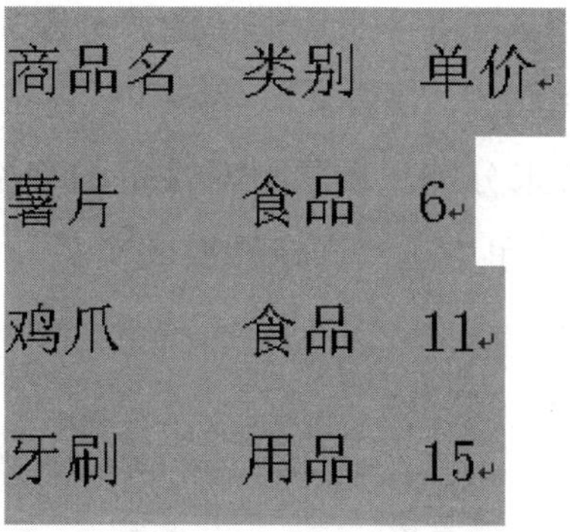

图 2–48　表格和文本之间的转换

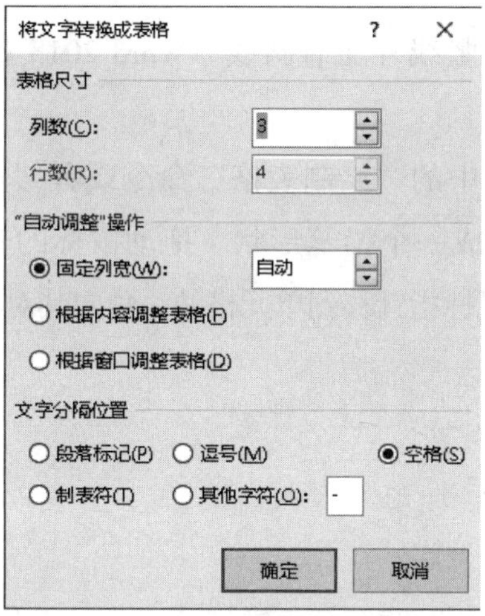

图 2–49　表格和文本之间的转换

步骤三：在对话框的“列数”框中输入具体的列数。

步骤四：在“文字分隔位置”选项组中，选定“制表符”单选项。

步骤五：单击“确定”按钮即转换为如图 2–50 所示的表格。

商品名	类别	单价
薯片	食品	6
鸡爪	食品	11
牙刷	用品	15

图 2–50　表格和文本之间的转换

注意：从“将文本转换成表格”对话框中的“分隔字符位置”选项组中可以看到，表格和文本各列之间除了用“制表符”分隔外，还可以使用“英文的逗号”“空格字符”或其他指定的字符来分隔。反之，对选定的表格，单击“表格”菜单中的“转换”命令，从弹出的子菜单中选“表格转换成文字”可将表格转换成文本，分隔符可由用户指定。

做中学

在Word上制作一个学生成绩表格。

（二）制作复杂的表格

复杂的表格除了横线、竖线外还有斜线，Word 2013 提供了绘制这种不规则表格的功能。方法如下：

单击“表格”下拉菜单中的“绘制表格”命令或者“段落”工具栏中的“表格和边框”按钮，鼠标指针会变成一个铅笔形状。拖动鼠标的笔形指针，可以在表格中绘制水平或垂直线，也可以将鼠标指针移到单元格的一角向其对角画斜线，如图 2–51 所示。

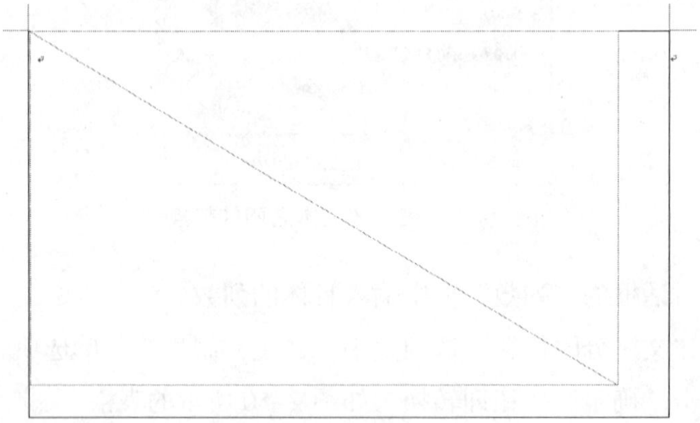

图 2–51　制作复杂的表格

利用擦除按钮使鼠标指针变成橡皮形，用橡皮形鼠标指针点击到要擦除的线条可擦除去该线段。

二、表格的编辑和修饰

当表格制作好后，就可以在表格中录入字符，在表格中插入行、列，移动和复制单元格、行和列等。

（一）在表格中移动光标和录入字符

可以通过鼠标单击移动光标到需要录入的单元格，也可以用键盘移动光标，如表2–2所示：

表 2–2 表格的编辑和修饰

按钮	光标移动	按钮	光标移动
↑或↓	移至下一行或上一行	Alt+ End	移至本行最后一个单元格
Tab	移至下一单元格	Alt+ PageUp	移到本列第一个单元格
Shift+ Tab	移至前一单元格	Alt+PageDown	移到本列最后一个单元格
Alt+ Home	移至本行第一个单元格	Enter	在本单元格中另起一个段落

光标移动到一个单元格里，就可以在其中录入字符了，当字符超过单元格时，表格的行高就会自动调整，以便让字符都能放在单元格内。

议一议

当你采用常规办法调整表格大小行不通，这时该如何解决？

（二）选定表格

要对表格进行修改，必先选定要修改的表格部分。

1. 选定表格的行和列

方法一：拖动鼠标左键进行选择，鼠标经过处的表格即为选定表格。

方法二：将鼠标移到该列的边界，当鼠标指针变成实心向下指的箭头时，单击鼠标左键就选定了这一列或行，如果拖动鼠标则可选定多列或行，如图 2–52 所示。

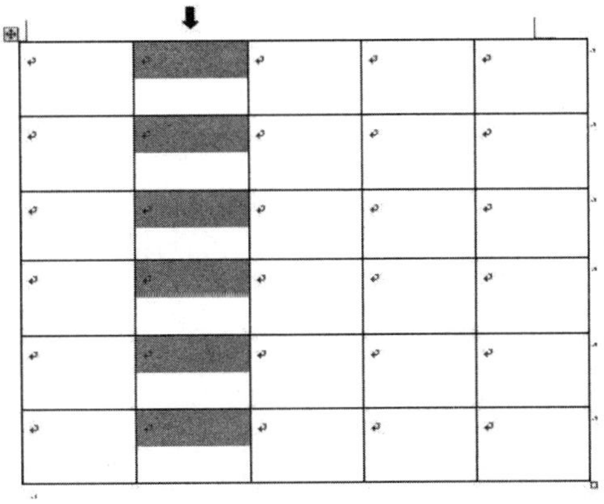

图 2–52 选定表格的行和列

2. 选定单元格和整个表格

方法一：将插入点放到要选定的单元格，单击“表格”菜单中的“选择”命令，在弹出的子菜单中单击“单元格”，此单元格即被选定，变成蓝色。如果单击“表格”，则选定整个表格。

方法二：将鼠标指针移到要选定的单元格左侧，当其指针变成实心向右上指箭头时，单击鼠标就选定此单元格。将鼠标指针指向表格，表格左上角出现一个十字箭头图标，单击它即选定整个表格。

议一议

怎样绘制斜线表头？

（三）行高和列宽的调整

一般情况下 Word 2013 能根据单元格中输入内容的多少自动调整行高，但也可以根据需要进行调整。调整行高和列宽的方法类似。下面以调整列宽为例介绍具体的操作方法。

方法一：拖动鼠标调整表格的列宽将鼠标指针移到表格的列边界线上，当鼠标指针变成调整列宽指针时，按住鼠标左键，此时出现一条竖直的虚线，如图 2–53 所示。拖动鼠标到所需的新位置，松开左键即可。

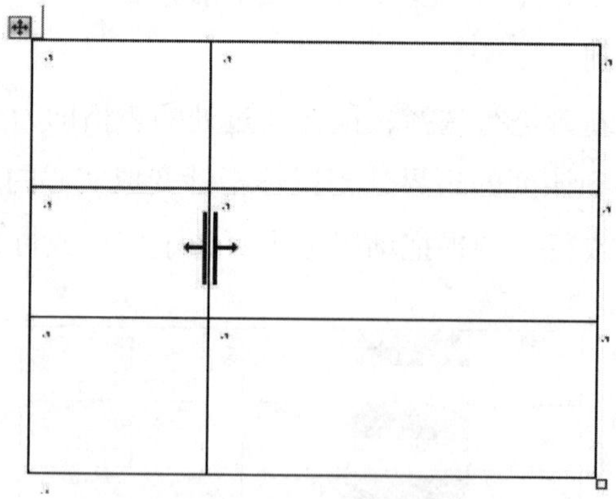

图 2–53　行高和列宽的调整

方法二：用菜单命令改变列宽

（1）选定要修改列宽的一列或数列。

（2）单击“表格”菜单中的“表格属性”命令，打开“表格属性”对话框，如图 2–54 所示。

（3）单击“列”选项卡，单击“指定宽度”复选框，选定“列宽单位”，输入列宽数值后单击“确定”按钮即可。

图 2-54　行高和列宽的调整

注意：“前一列”或“后一列”按钮可以在不关闭对话框的情况下设置相邻列的列宽。

（四）插入行、列和单元格

首先选定单元格、行或列，点击鼠标右键再执行表单中的“插入”命令，如图 2-55 所示。当要插入多行或多列时，只要同时选定同插入行或列数相同的行、列数，一次就可完成所需的操作。

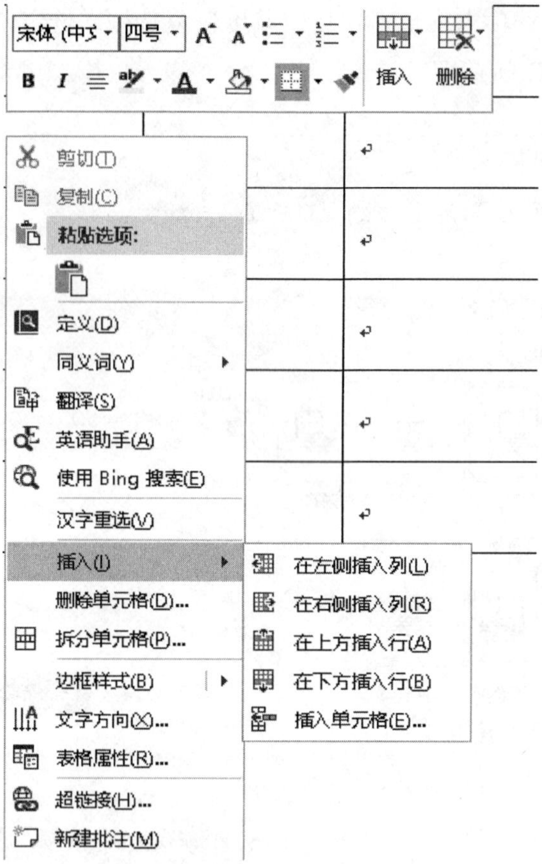

图 2-55 插入行、列和单元格

（五）删除行、列和单元格

删除较为方便，同样先选定要删除的单元格、行或列然后再执行“表格”下拉菜单“删除”中相应的命令。当删除单元格时 Word 会提示现有单元格如何移动。

（六）合并和拆分单元格

若将相邻的几个单元格合并成一个单元格，首先选定这些单元格，点击鼠标右键再执行表单中的“合并单元格”命令，或者单击“表格边框”工具栏中的竖线或横线按钮，就可以取消这些单击格之间的边框线合并成一个单元格。

若将一个单元格拆分成几个单元格，首先选定该单元格，点击鼠标右键再执行表单中的“拆分单元格”命令，或者使用前面提到的“绘制表格”工具，绘制需要的格式数量。

（七）表格标题行的重复

当一张表格超过一页时，我们通常希望在第二页的续表中也包括表格的标题行。Word 2013 提供的重复标题的功能，步骤如下：

步骤一：选定第一页表格中的一行或多行。

步骤二：单击“表格”下拉菜单中的“标题行重复”命令，如图 2–56 所示。这样 Word 会在因分页而拆开的续表中重复表格中的标题行。

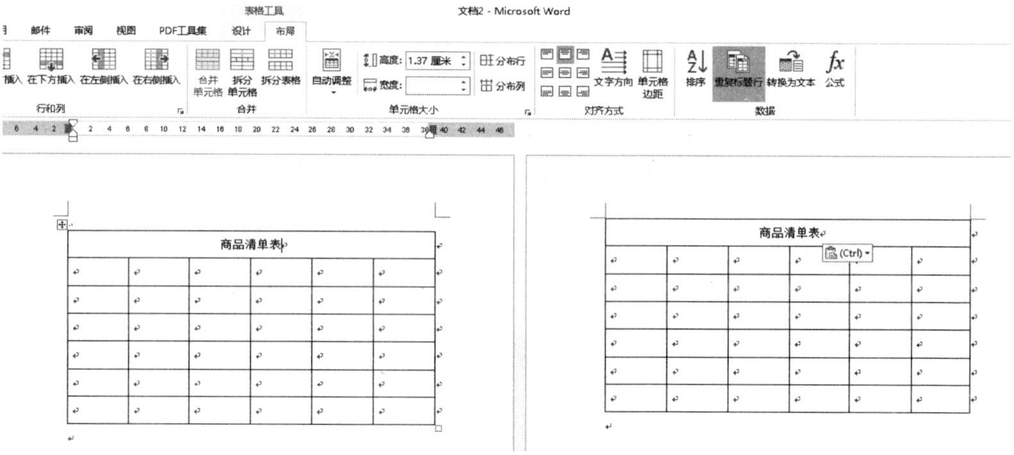

图 2–56　表格标题行的重复

（八）表格格式的设置

1. 表格边框和底纹的设置

具体操作步骤如下：

步骤一：选定要设置边框和底纹的表格部分。

步骤二：单击“段落”工具栏中的“绘制表格”按钮，打开“边框和底纹”工具栏。

步骤三：从“样式”列表中选定线型，在“宽度”下拉列表框中指定粗细，在“颜色”列表框中选定颜色。

步骤四：单击“底纹”按钮，打开底纹颜色列表，选择所需的底纹颜色。

2. 快速表格

具体操作步骤如下：

步骤一：单击“表格”下拉菜单中的“快速表格”命令，打开“快速表格”对话框，如图 2–57 所示。

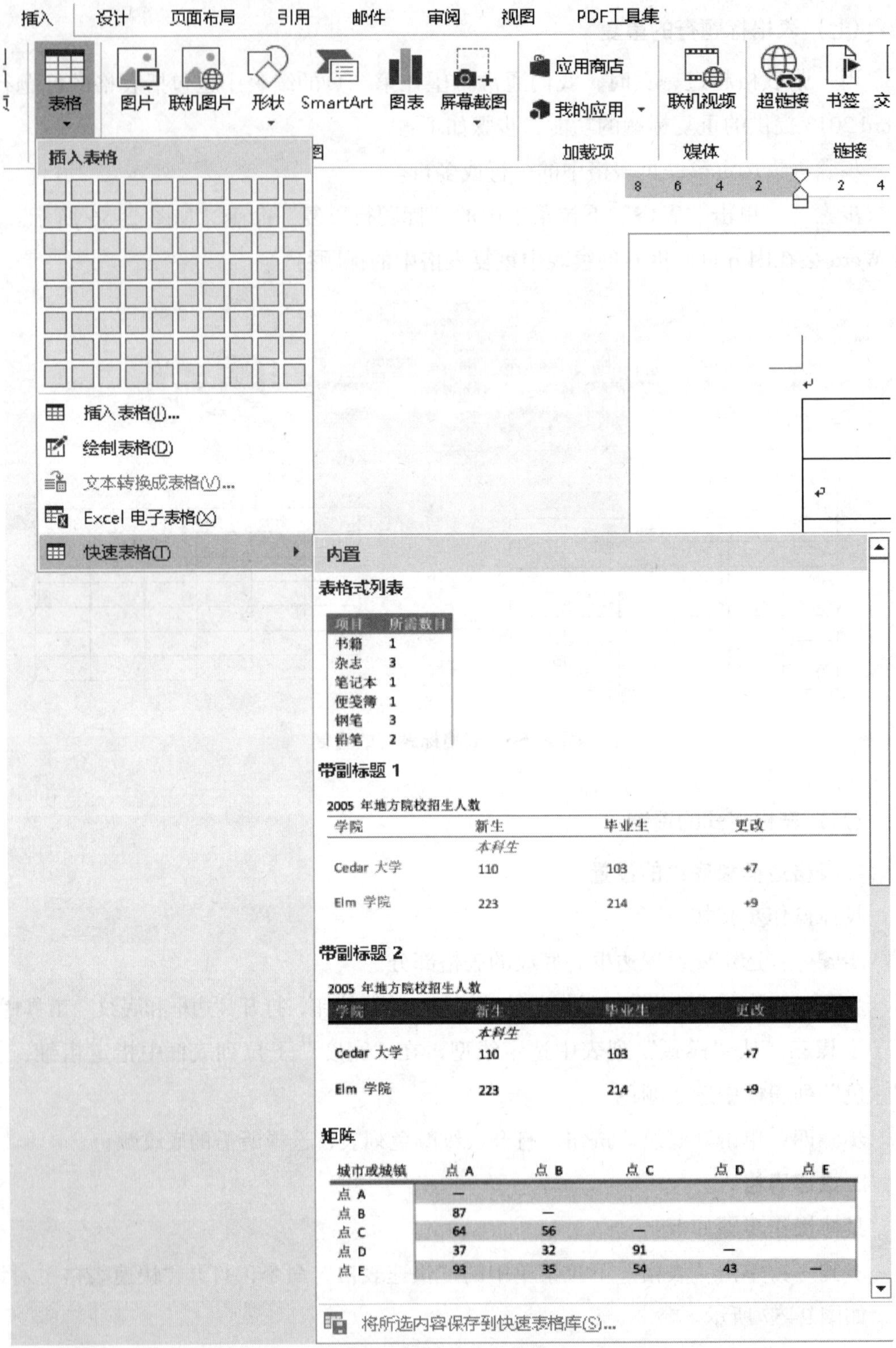
插入
设计
页面布局
引用
邮件
审阅
视图
PDF工具集
表格
图片
联机图片
形状
SmartArt
图表
屏幕截图
应用商店
我的应用
加载项
联机视频
媒体
超链接
书签
链接
插入表格
插入表格(I)...
绘制表格(D)
文本转换成表格(V)...
Excel 电子表格(X)
快速表格(T)
内置
表格式列表
项目 所需数目
书籍 1
杂志 3
笔记本 1
便笺簿 1
钢笔 3
铅笔 2
带副标题 1
2005 年地方院校招生人数
学院 新生 毕业生 更改
本科生
Cedar 大学 110 103 +7
Elm 学院 223 214 +9
带副标题 2
2005 年地方院校招生人数
学院 新生 毕业生 更改
本科生
Cedar 大学 110 103 +7
Elm 学院 223 214 +9
矩阵
城市或城镇 点 A 点 B 点 C 点 D 点 E
点 A —
点 B 87 —
点 C 64 56 —
点 D 37 32 91 —
点 E 93 35 54 43 —
将所选内容保存到快速表格库(S)...

图 2-57　快速表格

步骤二：在“内置”中选用一种样式，“快速表格”也可以储存制作过的表格，从而丰富自己的快速表格库。

3. 设置表格在页面中的位置

具体操作步骤如下：

步骤一：单击“表格”菜单中的“表格属性”命令，打开“表格属性”对话框，再单击“表格”标签，如图 2–58 所示。

图 2–58　设置表格在页面中的位置

步骤二：在尺寸组中，如选择“指定宽度”复选框，则可设置具体的表格宽度。

步骤三：在“对齐方式”组中可以设置表格对齐方式，在“文字环绕”方式组中可以选择有无环绕。

步骤四：单击“确定”按钮。

4. 表格中文本对齐方式的设置

选定要设置对齐方式的表格区域后，单击鼠标右键，选择菜单中的“单元格对齐方式”下拉列表，如图 2–59 所示，选择 9 种对齐方式的一种。

图 2–59　表格中文本对齐方式的设置

三、表格内数据的排序和计算

Word 2013 还能对表格中的数据进行简单的排序和计算。

查一查

查找 Word 2013 中常用的计算函数。

（一）排序

表格的排序分为简单排序和复杂排序。对于简单排序，如果表格列中的内容是纯中文，默认按笔画顺序排序：如果表格中的内容是中文、英文和数字相混合的，默认的排序顺序是数字、英文、中文。复杂排序灵活多变，适用面广，实用性强，简单排序简单易行，但实用性差。

1. 简单排序

将光标置于表格中要排序的列中，单击“表格和边框”工具栏中的或↓按钮。

2. 复杂排序

具体操作步骤如下：

步骤一：将光标置于要排序的表格中。

步骤二：选择“表格工具”菜单中的“排序”命令，打开“排序”对话框。如图2-60、图2-61所示。

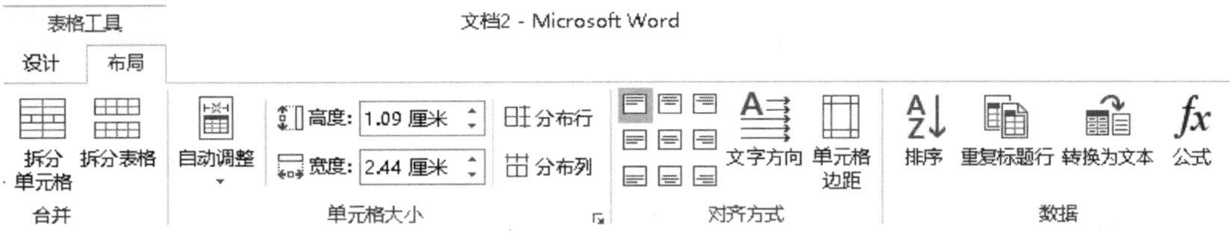

图 2-60　表格内数据的排序

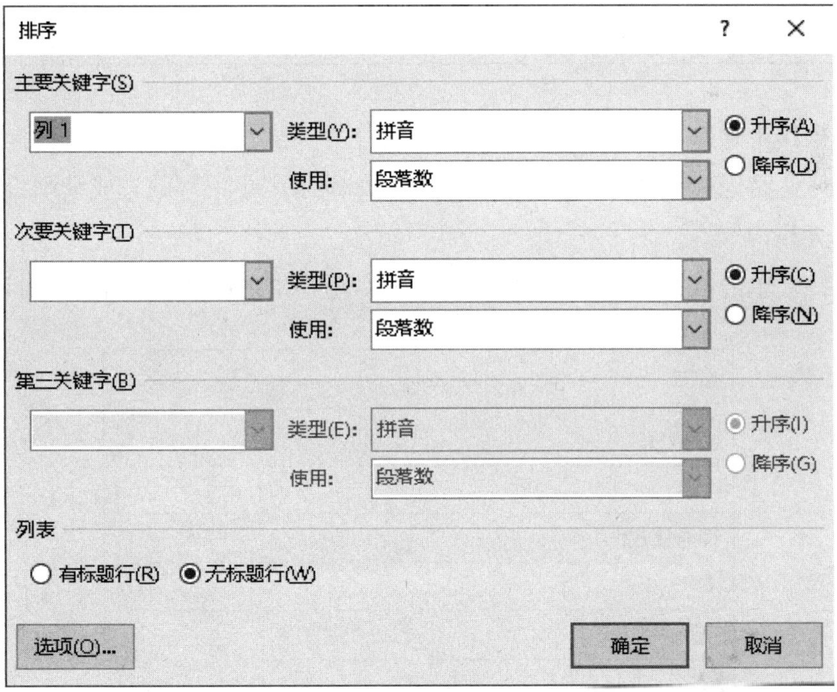

图 2-61　表格内数据的排序

步骤三：在“主要关键字”“次要关键字”和“第三关键字”中依次选定排序列。

步骤四：“列表”栏中选“有标题行”。

步骤五：单击“确定”按钮。

（二）计算

Word 2013 可以对表格中的数据进行计算，它提供了一些在实际运算中经常用到的函数。

1. 常用的函数

AVERAGE（ ）——求平均值函数；SUM（ ）——求和函数 ；CONT（ ）——计数函数；MAX（ ）——求最大值函数。

2. 表格中数据的计算

例如，在表 2–3 中求各位同学的总成绩：

表 2–3　　成绩单

姓名	计算机	思政	数学	总成绩
小明	80	85	78	
小红	91	89	88	

具体操作步骤如下：

步骤一：将光标移到存放数据的单元格，如欲求“小甲”的总成绩则将光标置于“E2”单元格内。

步骤二：单击“表格”菜单中的“公式”命令弹出如图 2– 62 所示的对话框。

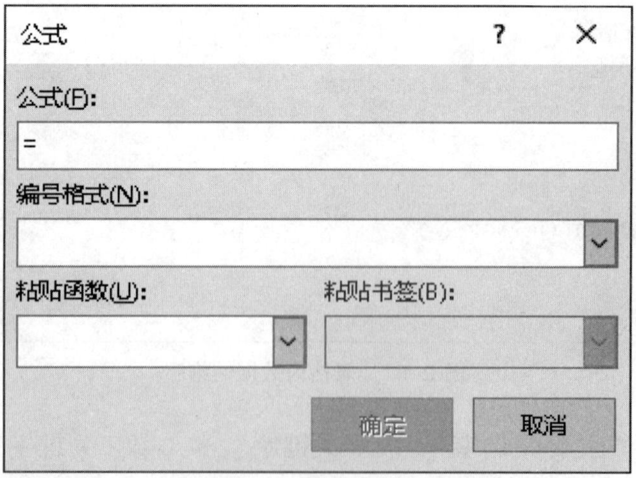

图 2–62　表格中数据的计算

步骤三：在公式框中输入公式例如“=SUM（LEFT）”（表示对当前单元格左边单元格求和）。

步骤四：单击“确定”。

练习题

一、选择题

1.要删除单元格正确的是（　　）。

A.选中要删除的单元格，按 DEL 键

B.选中要删除的单元格，按剪切按钮

C.选中要删除的单元格，使用 Shift+Del

D.选中要删除的单元格，使用右键的“删除单元格”

2.在 Word 中要删除表格中的某单元格，应执行（　　）操作。

A.选定所要删除的单元格选择“表格”菜单中的“删除单元格”命令

B.选定所要删除的单元格所在的列，选择“表格”菜单中的“删除行”命令

C.选定删除的单元格所在列，选择“表格”菜单中“删除列”命令

D.选定所在删除的单元格，选择“表格”菜单中的“单元格高度和宽度”命令

3.在 Word 中，将表格数据排序应执行（　　）操作。

A.“表格”菜单中的“排序”命令　　B.“工具”菜单中的“排序”命令

C.“表格”菜单中的“公式”命令　　D.“工具”菜单中的“公式”命令

4.在 Word 若要删除表格中的某单元格所在行，则应选择“删除单元格”对话框中（　　）。

A.右侧单元格左移　　B.下方单元格上移

C.整行删除　　D.整列删除

5.在 Word 中要对某一单元格进行拆分，应执行（　　）操作。

A.“插入”菜单中的“拆分单元格”命令

B.“格式”菜单中“拆分单元格”命令

C.“工具”菜单中的“拆分单元格”命令

D.“表格”菜单中“拆分单元格”命令

二、填空题

1.在表格中将一列数字相加，可使用自动求和按钮，其他类型的计算可使用表格菜单下的（　　　）命令。

2.Word 表格若干行，若干列组成，行和列交叉的地方称为（　　　）。

3. 在 Word 中执行表格菜单下的插入（　　　）命令，可建立一个规则的表格。

三、判断题

1. 在 Word 中执行插入表格操作时，可以调整每行和列的宽度和高度，但不能修改表格线。（　　）

2. 在 Word 中可以使用在最后一行的行末按下 Tab 键的方式在表格末添加一行。（　　）

实训操作

1. 参看表 2–4 的简历格式，利用 Word 2013 制作一页个人的表格式简历。

表 2–4

<table>
<tr><td colspan="7">XX简历信息表</td></tr>
<tr><td colspan="7">个人资料</td></tr>
<tr><td>姓名</td><td></td><td>性别</td><td></td><td>出生日期</td><td></td><td rowspan="5"></td></tr>
<tr><td>民族</td><td></td><td>籍贯</td><td></td><td>身高</td><td></td></tr>
<tr><td>学历</td><td></td><td>专业</td><td></td><td>体重</td><td></td></tr>
<tr><td>身份证</td><td colspan="3"></td><td>婚姻状况</td><td></td></tr>
<tr><td>户口所在地</td><td colspan="3"></td><td>联系电话</td><td></td></tr>
<tr><td colspan="7">求职意向</td></tr>
<tr><td>期望职位</td><td colspan="2"></td><td>第二选择</td><td colspan="3"></td></tr>
<tr><td>期望薪资</td><td colspan="2">元</td><td>到岗日期</td><td colspan="3"></td></tr>
<tr><td colspan="7">工作经历</td></tr>
<tr><td>起止时间</td><td>工作单位</td><td colspan="2">职位</td><td colspan="2">证明人</td><td>离职原因</td></tr>
<tr><td></td><td></td><td colspan="2"></td><td colspan="2"></td><td></td></tr>
<tr><td></td><td></td><td colspan="2"></td><td colspan="2"></td><td></td></tr>
<tr><td colspan="7">教育背景</td></tr>
<tr><td>起止时间</td><td colspan="2">学校名称</td><td colspan="2">专业</td><td colspan="2">学位或证书</td></tr>
<tr><td></td><td colspan="2"></td><td colspan="2"></td><td colspan="2"></td></tr>
<tr><td></td><td colspan="2"></td><td colspan="2"></td><td colspan="2"></td></tr>
</table>

续表

家庭情况				
姓名	关系	工作单位	职务	联系电话

2. 根据数据素材制作表格，利用公式计算“总计”值。数据素材如下：

标题：全国第四次大熊猫调查四川省五州市野生大熊猫分布及数量统计情况

绵阳市（418 只）、阿坝自治州（348 只）、雅安市（340 只）、乐山市（76 只）、成都市（73 只）。

任务六　熟悉 Word 2013 的图形处理

一篇优秀的电子文档，除了有严谨流畅的文字编辑外，还需要适当的图片点缀，使其达到图文并茂。电子文档编辑的过程中，除了对文本的格式进行设置外，还需要对文档中的图片进行编排。下面我们就来介绍一下如何进行图片和文字的混合排版。

一、插入图片

在文档中插入一个或者几个与文章内容相关的图片，会使文章看上去更吸引人，更容易让读者明白文章所要表达的含义。插入图片的方法主要有以下两种：

（一）插入来自文件的图片

首先，将光标移至需要插入图片的位置后，选择菜单栏上的“插入”菜单中“图片”命令的“来自文件”选项，打开“插入图片”对话框，如图 2-63 所示。然后，在文件列表中选择好合适的图片文件后，单击“插入”按钮就可以了。

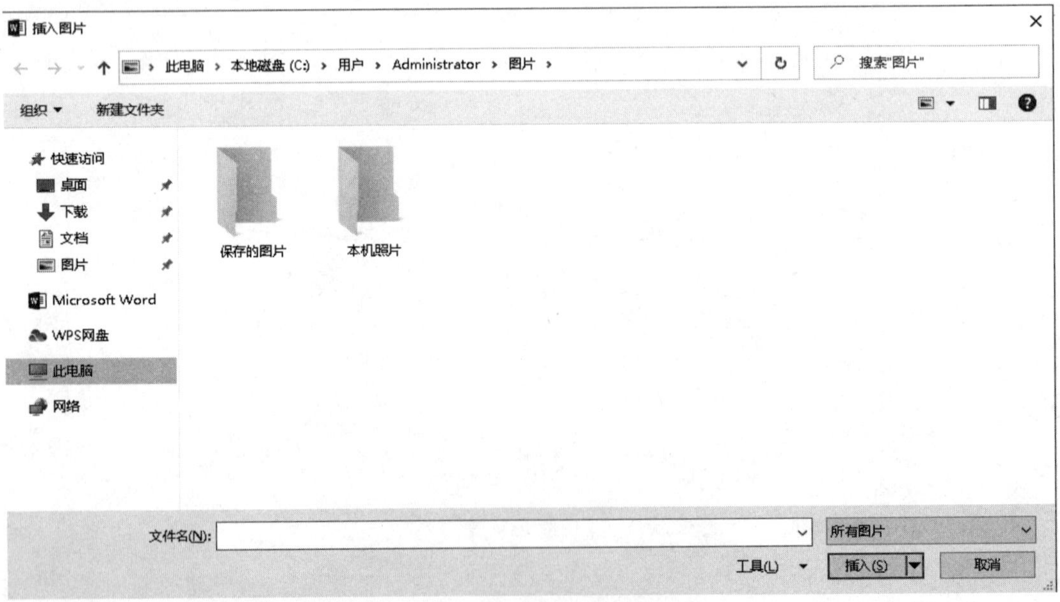

图 2-63　插入来自文件的图片

议一议

在Word中如何设置背景图片，并且不遮挡文字？

（二）系统复制粘贴

操作步骤如下：

步骤一：在软件外部鼠标右键点击需要插入的图片，选择复制选项或者使用快捷键<Ctrl+C>。

步骤二：回到Word 2013，将光标移到要插入剪贴画的位置，使用快捷键<Ctrl+V>，即可完成图片插入操作。

（三）插入剪贴画

将光标移到要插入剪贴画的位置。

二、编辑图片

在文档中插入图片后，可能发现图片的大小对于文档来说太大了，或是太小了，这时就要对图片的大小进行调整。下面我们就来介绍一下对于插入后的图片的编辑。

（一）调整图片大小

单击需要调整大小的图片，可以看到，在图片的四周出现了一个矩形边框，在上下左右四个方向以及四个顶端上各有一个白色小的圆形。这些白色小的圆形称为控制点，如图2-64所示。

图2-64　编辑图片

将鼠标移至控制点上可以看到鼠标指针变成了双箭头的形状。这时就可以根据鼠标指针箭头的方向拖动鼠标来缩放图片。当缩放到合适的尺寸时，释放鼠标即可。

（二）剪裁图片

有时插入文档图片画幅过大，而用户只需要显示其中一部分内容，这时候我们就可以剪裁这张图片。

首先，鼠标右键单击图片，可以看到屏幕中出现了如图 2–65 所示的工具栏。或者选择图片格式菜单栏下的“裁剪”按钮，如图 2–66 所示。单击裁剪按钮，鼠标的前面就会出现按钮上的图案。将鼠标移至图片的边缘上。图片周围有了黑色的线段边框。这时，可以将鼠标向上拖动，移动到某个位置后，放开鼠标左键。这时的图片像被剪刀剪去了一部分似的，旧位置到新位置之间的画面不见了，这个线段边框就是图片裁剪后的位置。用同样的方法可以剪辑上、左、右这三个方向上的画面，裁剪后点击键盘“回车键”确认。这样就可以实现从大的图片上截取某个画面的操作了。

图 2–65　编辑图片

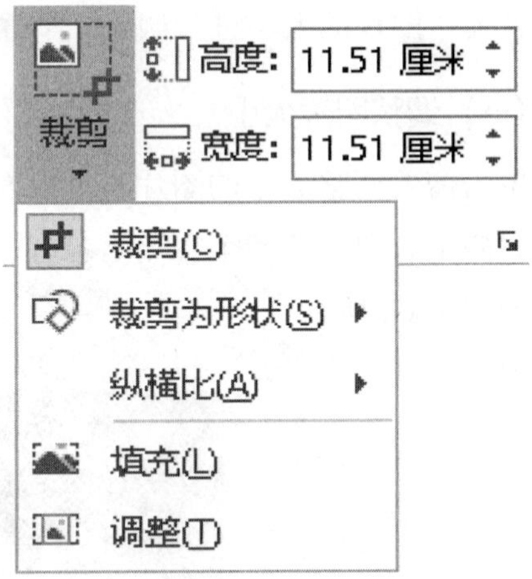

图 2–66　编辑图片

（三）其他编辑功能

除了改变图片大小和剪裁图片外，还可以自行调整图片的明暗度、饱和度，用户还可以根据自己的需求翻转图片。只要用鼠标点击图片，菜单栏就会出现图片工具相关功能区域。下面我们通过图 2–67 来了解该功能区内按钮的具体功能。

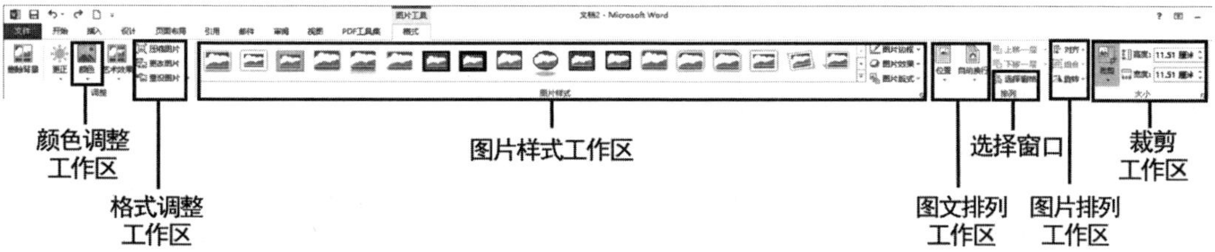

图 2-67　其他编辑功能

（1）颜色校正工作区：该区域按钮可以用来调整图片颜色与亮度。

（2）格式调整工作区：该区域按钮可以用来调节图片大小、更换图片、重置图片信息。

（3）图片样式工作区：该区域按钮可以用来调整图片阴影、边框属性，另外“图片格式”按钮可以用来调整图片之间以及图片与标题之间的排版样式。

（4）图文排列工作区：该区域按钮可以用来调整图片与文字之间的关系。

（5）选择窗口：该按钮主要用于实现多个图片之间的选择管理。

（6）图片排列工作区：该区域按钮可以用来调整图片的旋转以及图片之间的对齐、集合关系。

（7）裁剪工作区：该区域按钮可以用来实现图片的裁剪功能。

三、绘制图形

通常情况下办公文档所使用的图片不一定都需要用专业设计软件进行制作。有时在文档中需要绘制数据流程图，或是在图片上添加一些注释的图案。这些都可以在 Word 2013 中完成。

单击“插入”菜单中的“形状”，在弹出的子菜单中选需要的形状命令，如图 2-68 所示。

（一）绘制直线

单击“线条”工具栏中的“直线”按钮，在文档中按下鼠标左键，并拖动鼠标至合适的长度和位置后，放开左键。这时，文档中就会出现一条直线。直线可以是水平的、垂直的，也可以是伸展向任意方向的。画完直线后，可以看到，在直线的两端上各有一个圆圈，拖动这两个圆圈可以任意调整直线的方向和长度。将鼠标移到直线的上方，可以看到鼠标变成了四面箭头的形状，这时，按下鼠标左键并拖动鼠标，可以更改直线的位置。

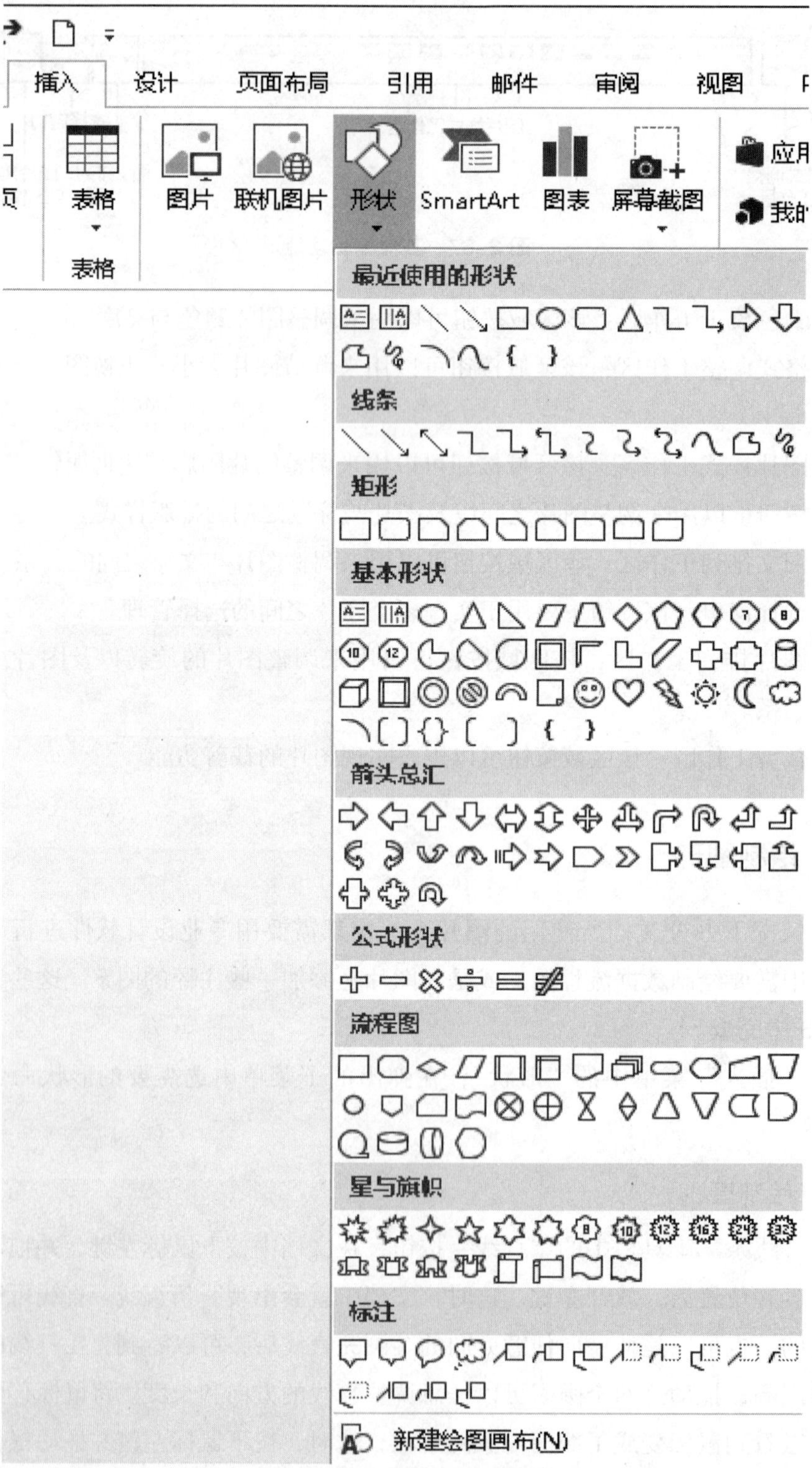
插入
设计
页面布局
引用
邮件
审阅
视图
表格
图片
联机图片
形状
SmartArt
图表
屏幕截图
表格
最近使用的形状
线条
矩形
基本形状
箭头总汇
公式形状
流程图
星与旗帜
标注
新建绘图画布(N)

图 2-68 绘制图形

（二）绘制箭头

绘制箭头的方法与绘制直线的方法很类似。不同的是，绘制箭头是单击绘图工具栏，上的“箭头”按钮。鼠标的先后点击顺序决定了箭头的方向。

（三）绘制自选图形

单击绘图工具栏上的“自选图形”按钮，打开“自选图形”菜单。在菜单中可以选择不同的图形类别，单击类别名称可看到在这个类别中的所有图形形状。单击合适的图形按钮后，返回文档处，按下鼠标左键并拖动鼠标就可以了。

如果画圆、正方形或是等边三角形的时候无法确定画得是否精确，可以在绘图时按下 <Shift> 键。

（四）在图形中添加文字

Word提供了在封闭图形中添加文字的功能。操作步骤如下：

步骤一：将鼠标指针移到要添加文字的图形中。右击该图形，弹出快捷菜单。

步骤二：单击快捷菜单中的“添加文字”命令，如图 2–69 所示。此时插入点移到图形内部。

步骤三：在插入点之后键入文字。

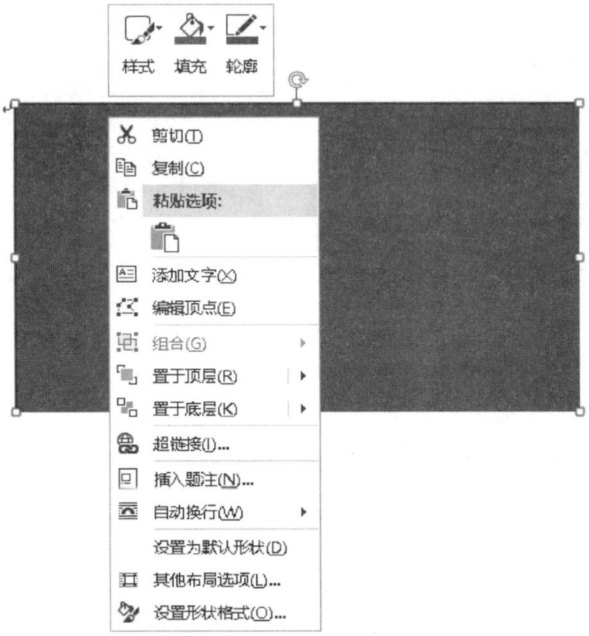

图 2–69　在图形中添加文字

做中学

绘制一个组合图形，形状为轮船，在合适的地方添加文本框。

（五）图形的格式设置

绘制完图形后可对所绘制的图形进行编辑。可以对图形的颜色、线条、大小与版式等进行必要的修改与调整。

1. 设置图形的颜色和线条

将鼠标移至需要编辑的图形上，点击右键，打开“设置形状格式”对话框。进入后，单击“填充”“线条颜色”“线型”选项卡，进入编辑颜色与线条对话框，如图 2–70 所示。

（1）填充：通过填充可选择合适的图形底纹或填充色。该颜色将填充图形内的所有空白部分。

（2）线条颜色：同样也可以通过单击线条颜色右边的下拉菜单选择合适的线条颜色。

（3）颜色透明度：可以通过左右拉动滑杆来改善所选颜色的透明度。只是拉动滑杆设置出来的透明度并不十分精确，这时可通过修改旁边的百分比数值，更精确地设置颜色透明度。

（4）短划线类型：这里可设置线条为实线还是虚线，以及虚线的样式。

（5）线端类型：如果所编辑的图形为线条形状，则可选择这一栏。在此可设置线条始端的样式，有方形、圆形等。

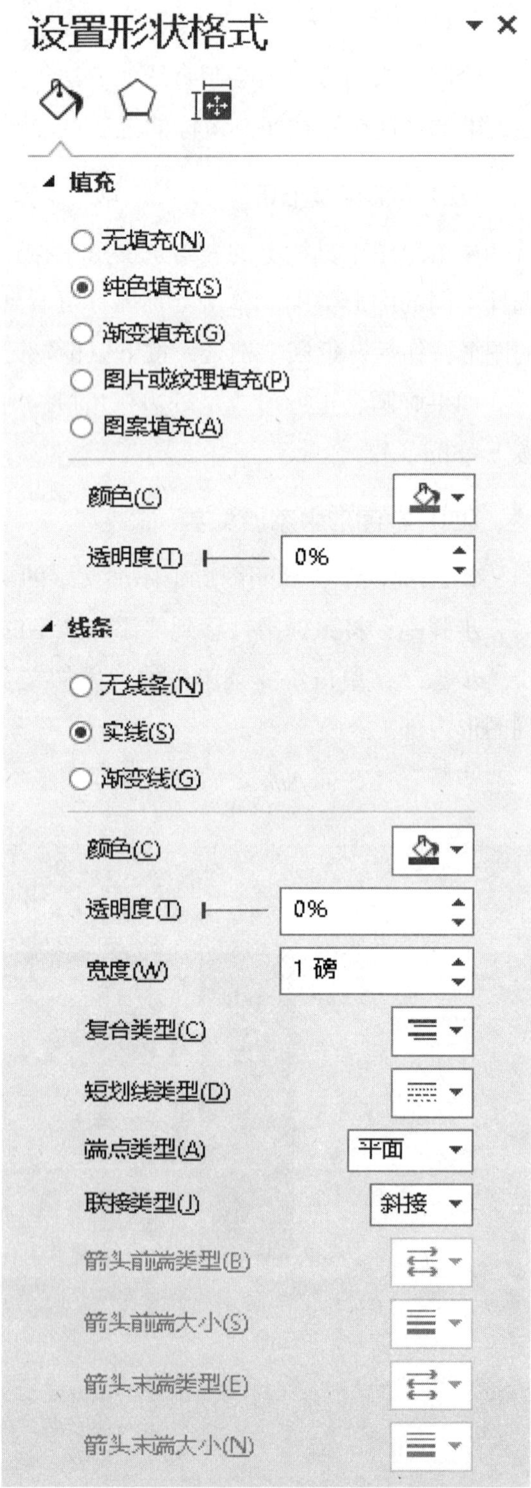

图 2–70　设置图形的颜色和线条

（6）箭头设置：可以通过该设置选择箭头样式，设置箭头大小。

2. 调整图形的大小

打开“其他布局选项”对话框，单击“大小”选项卡，进入设置图形大小版面，如图 2–71 所示。

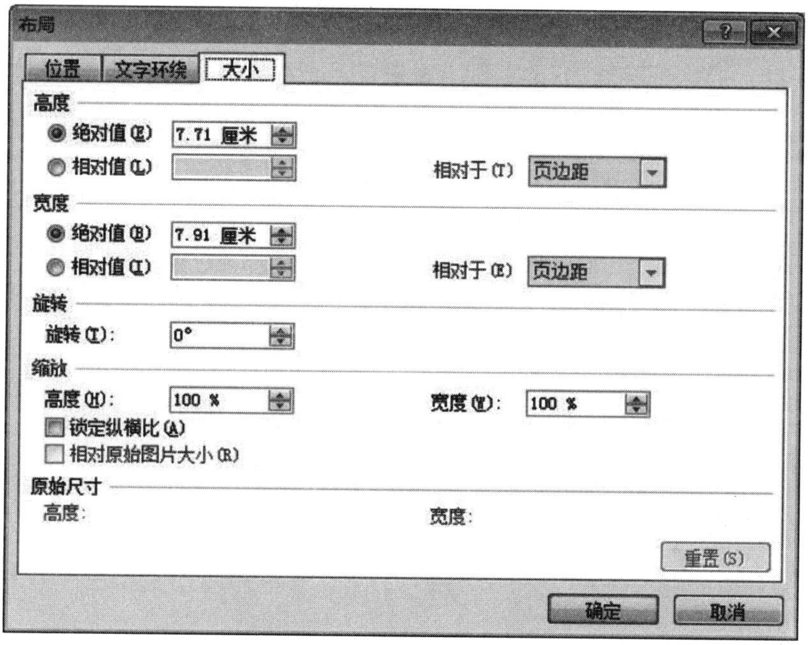

图 2–71　调整图形的大小

（1）图形旋转：在此可通过改变数值来改变图形的旋转度。

（2）图形缩放：在此可通过改变百分比来改变图形的大小。

（3）锁定纵横比：如果不想改变图形的长宽比例，可以选择此选项框。

（4）相对原始图片大小：该选项框只有在编辑图片时才会被选择。选择这个选项可以根据图片的原始尺寸来计算缩放比例。

（5）原始尺寸：只有当对象为图片时才会被选择。它可以将修改后的图片恢复原始尺寸。设置好以后，按“确认”按钮执行所作的设置。

（六）图形的叠放次序

当两个或多个图形对象重叠在一起时，最近绘制的那个总是覆盖其他的图形。利用绘图按钮可以调整各个图形之间的叠放关系，具体步骤如下：

（1）选定要确定叠放关系的图形对象。

（2）单击“绘图工具”菜单栏，打开如图 2–72 所示的下拉菜单。

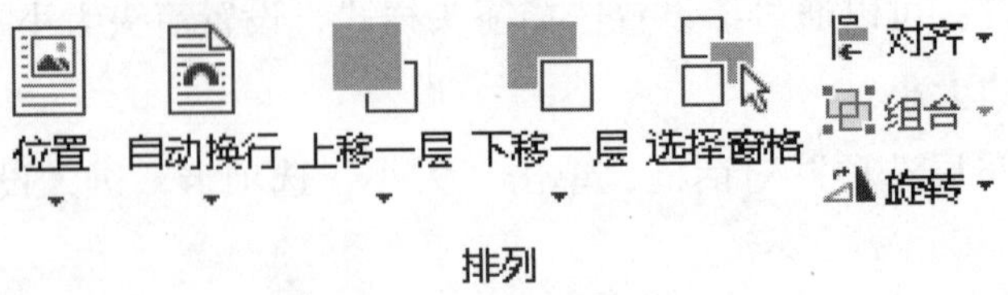

图 2–72　图形的叠放次序

（3）通过“上移一层”“下移一层”调整图形的叠放次序。

（七）图形的组合

（1）按住 Shift 键不放，逐个选定参与组合的图形。

（2）右键单击选中的对象，在弹出的快捷菜单中选“组合”命令，如图2–73所示。

（3）取消组合时，选择要取消组合的组，然后在“绘图”工具栏上，选择“绘图”——“取消组合”命令。

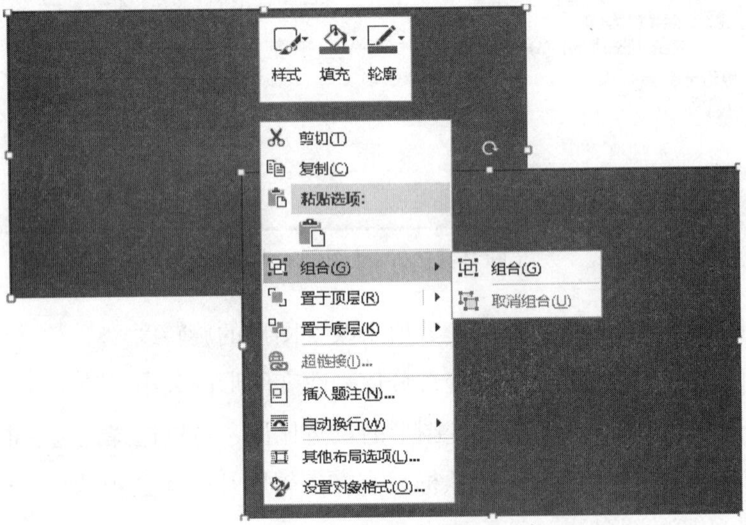

图 2–73　图形的组合

想一想

怎样对图片设置复杂的水印？

四、制作艺术字

Word 2013 拥有非常漂亮的艺术字体，可以为文档制作锦上添花。在“插入”对应的功能区内有一个“艺术字”按钮，单击它可打开艺术字库，如图 2–74 所示。

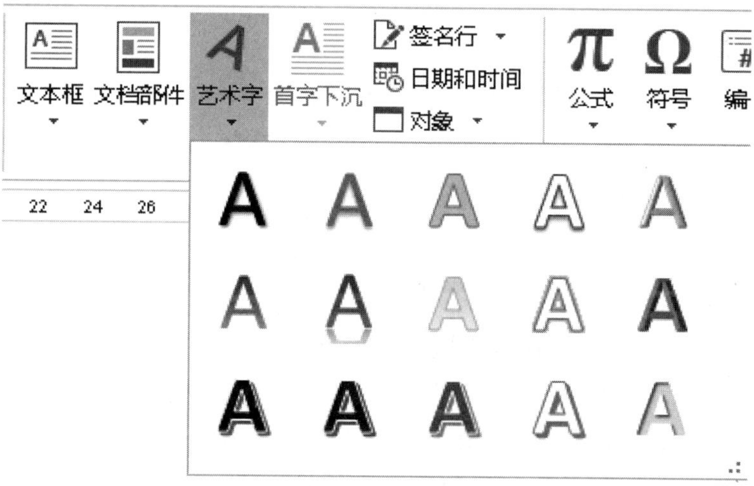

图 2–74　制作艺术字

在对话框中选择合适的效果后，单击即可生效，如图 2–75 所示。点击生效文字会产生一个类似于图片编辑的边框，可以点击对其缩放、拖动。

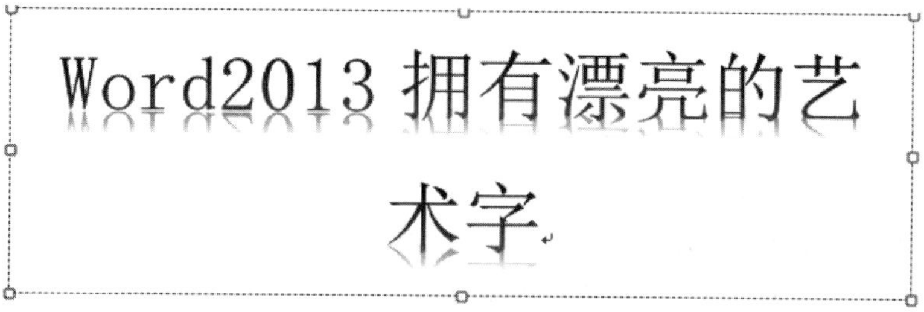

图 2–75　制作艺术字

如果想进一步对艺术文字内容进行编辑，可以选择“绘图工具”下的艺术字样式功能区对字体形式和颜色进行进一步编辑，如图 2–76 所示。

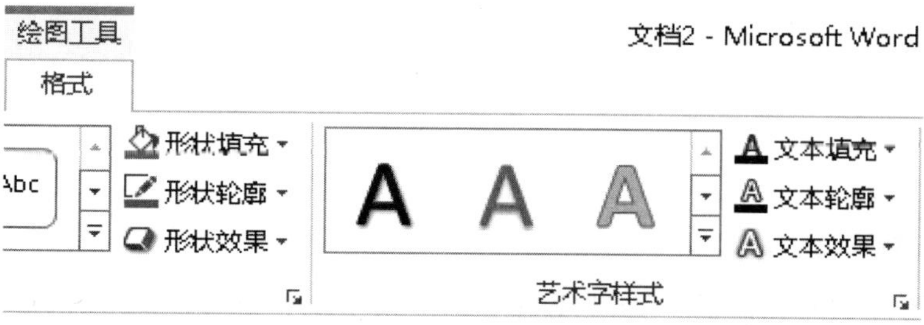

图 2–76　制作艺术字

练习题

一、选择题

1. 使图片按比例缩放应选用（　　）。

A. 拖动中间的句柄

B. 拖动四角的句柄

C. 拖动图片边框线

D. 拖动边框线的句柄

2. 在 Word 中，如果要使图片周围环绕文字应选择（　　）操作。

A. “绘图”工具栏中“文字环绕”列表中的“四周环绕”

B. “图片”工具栏中“文字环绕”列表中的“四周环绕”

C. “常用”工具栏中“文字环绕”列表中的“四周环绕”

D. “格式”工具栏中“文字环绕”列表中的“四周环绕”

3. 在 Word 中，如果要在文档中层叠图形对象，应执行（　　）操作。

A. “绘图”工具栏中的“叠放次序”命令

B. “绘图”工具栏中的“绘图”菜单中“叠放次序”命令

C. “图片”工具栏中的“叠放次序”命令

D. “格式”工具栏中的“叠放次序”命令

4. 在 Word 中，要给图形对象设置阴影，应执行（　　）操作。

A. “格式”工具栏中的“阴影”命令

B. “常用”工具伴中的“阴影”命令

C “格式”工具栏中的“阴影”命令

D. “绘图”工具栏中的“阴影”命令

二、判断题

1.Word 中不插入剪贴画。（　　）

2. 插入艺术字既能设置字体，又能设置字号。（　　）

3.Word 中被剪掉的图片可以恢复。（　　）

实训操作

1. 插入图片“熊猫.jpg”，处理成右下图：大小缩放50%，图片样式“柔化边缘椭圆”；环绕方式为“紧密型”。素材和样图如图2–77所示。

图 2–77

2.输入“国宝大熊猫”并设置艺术字，艺术字样式为“填充－红色，强调文字颜色粗糙棱台”，华文隶书，小初，加粗；转换形式“左远右近”；设置形状边框和背景（茶色，背景，深色10%）；环绕方式为“四周型”样图如图2–78所示。

图 2–78

3.插入图片“轻轨.jpg”，边框线为“白色，背景，深色15%”，调整大小。插入艺术字“地铁与轻轨”，“地铁、轻轨”艺术字样式为“填充—橙色，强调文字颜色，轮廓—强调文字颜色，发光—强调文字颜色，方正舒体—50号，加粗”；“与”艺术字样式为“填充—橄榄色，强调文字颜色，轮廓—文本，微软雅黑，小初，加粗”；将艺术字置于图片上方。素材和样图如图2–79所示。

图 2–79

任务七　掌握 Word 2013 的页面设置与打印

日常生活中精美的海报、招贴画、广告单等让人赏心悦目，产生这样的效果，版式设计发挥了很大的作用。在 Word 中，除了可以设置字符和段落格式外，还可以对文档的页面进行设置，使文档整体效果更好，这些设置主要包括页面格式设置，插入页码、页眉和页脚、分隔符，进行分栏等。设置好页面后，一篇文档已经基本成形，可以进行输出打印，在打印前还可以进行打印预览，查看打印效果，最后还要设置好打印参数。

一、页面设置

Word 2013 可以设置页面的大小，边距的大小、设置页眉、页脚、首字下沉等。

（一）设置页边距

单击“页面布局”菜单中“页面设置”下拉菜单，打开“页面设置”对话框，单击“页边距”选项卡，如图 2-80 所示。

1. 设置页边距

通过修改上、下、左、右的边距尺寸，来改变文档显示的外观。设置装订线的间距值，可以根据装订线的位置，在该位置的边距上再增加额外的间距。

2. 设置纸张方向

通过单击表示纸张方向的图标，可以改变页面的显示方式，是以横向方式或者纵向方式显示。改变显示方向后，上下左右的边距设置也会互换。但是文字显示的方向不变。在默认状态下为纵向显示。

3. 设置页码范围

为多页设置选项。通过选择一种打印方式，可以更改设置页边距部分的装订线的位置。设置好后，可在下面的预览框中查看效果。

4. 设置应用范围

在此可以选择所作的页面设置应用于整个文档还是插入点之后。设置完之后，单击“确定”按钮。

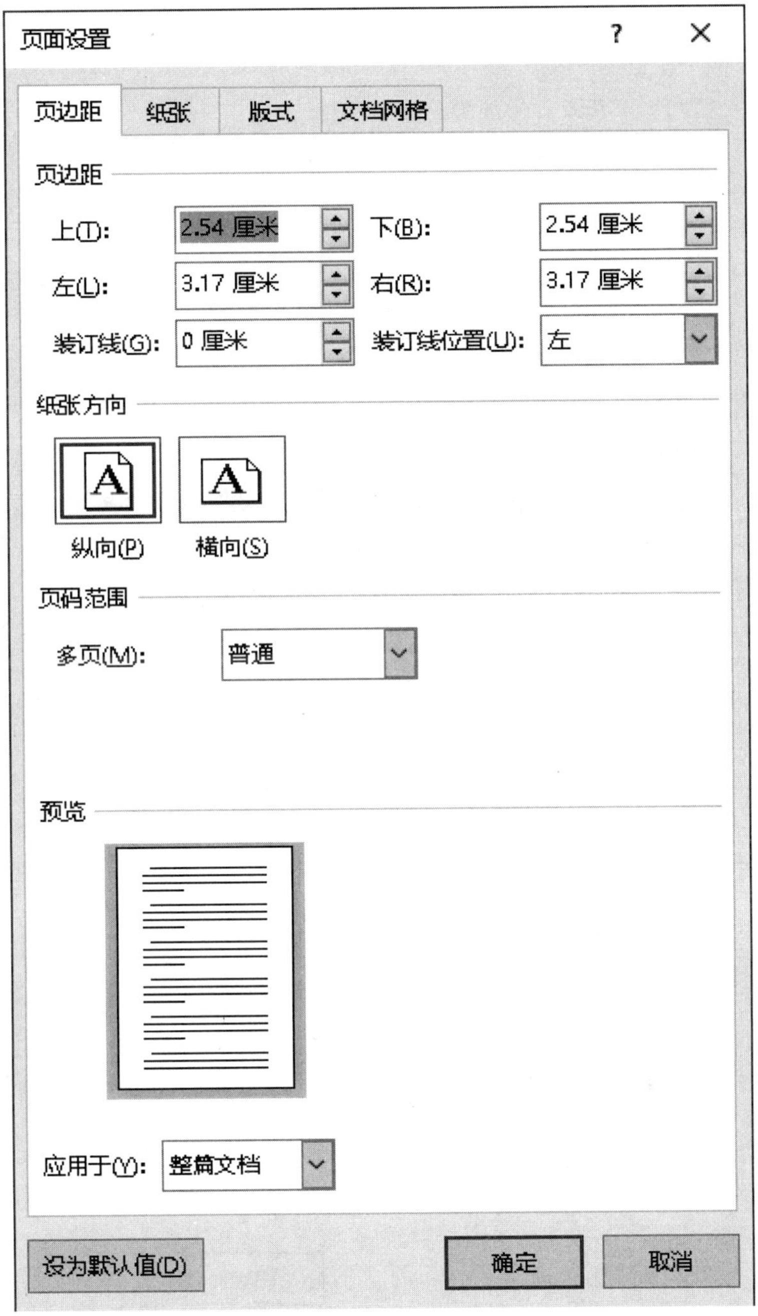

图 2-80　设置页边距

（二）设置纸张

单击“页面设置”对话框中的“纸张”选项卡，可以看到如图 2-81 所示的对话框。

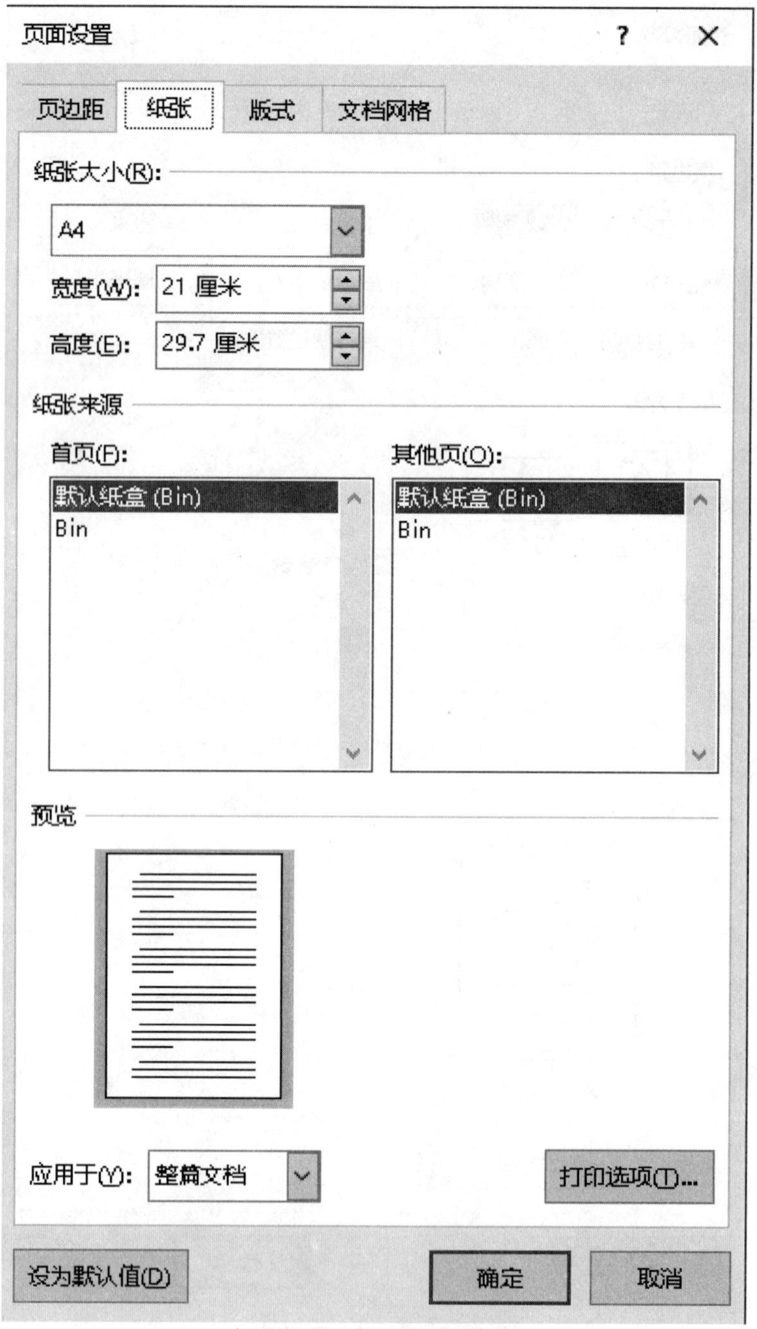

图 2-81　设置纸张

1. 设置纸型

根据打印机支持的纸张大小，设置纸张的尺寸。可以选择一种纸型，也可以在下面的宽度、高度栏里输入合适的值，自己设置纸张的尺寸。

2. 设置纸张来源

在此可以选择纸张的进纸方式。默认为从默认纸盒中进纸。

做中学

结合之前所学知识，设计一款校园歌手大赛海报，自主发挥想象力。

（三）插入页码

如果想在每页文档中插入页码，可以使用“插入”菜单中的“页码”下拉菜单。具体操作如下：

步骤一：单击“插入”菜单中“页码”下拉菜单，如图 2–82 所示。

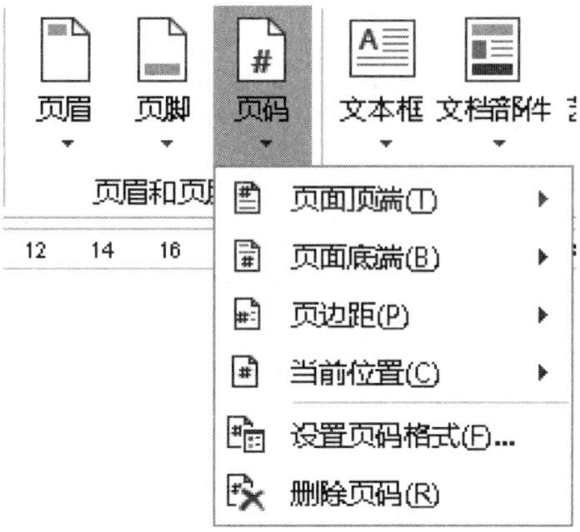

图 2–82　插入页码

步骤二：通过“页面顶端”“页面底端”按钮相关功能可以调整页码位置。

步骤三：点击“当前设置”按钮可以获得当前页面页码数。

步骤四：点击“设置页码格式”打开页码格式对话框，可以更换计数格式、页码编号等信息。

（四）页眉和页脚

“页眉和页脚”是打印在一页顶部和底部的文字或图形。内容不是随文本输入的，而是通过命令设置的。“页码”是最简单的页眉和页脚。

1. 建立页眉和页脚

步骤如下：

步骤一：单击“插入”菜单中的“页眉”“页脚”命令，打开页眉和页脚工具，如图 2–83 所示。

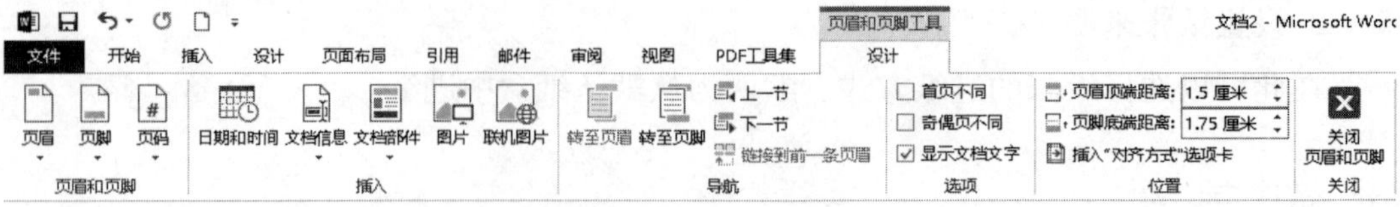

图 2-83　页眉和页脚

步骤二：在“页眉”编辑窗口中键入页眉文本，单击“转至页脚”按钮到“页脚”编辑区并键入页脚文字，如作者、页号、日期等，如图 2-84 所示。

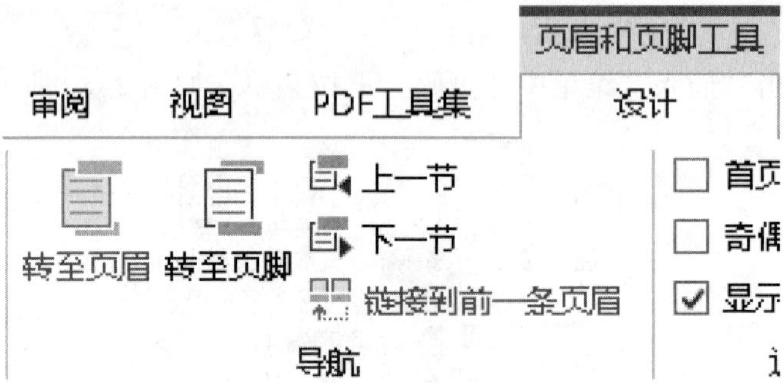

图 2-84　页眉和页脚

步骤三：单击“关闭”按钮，完成设置并返回文本编辑区。这样整个文档的各页都具有同一格式的页眉和页脚。

2. 建立奇偶页不同的页眉和页脚

通常情况下，文档的页眉和页脚是相同的。有时需要建立奇偶页不同内容的页眉（或页脚）。步骤如下：

步骤一：单击“插入”菜单中的“页眉”“页脚”命令，打开页眉和页脚工具。

步骤二：单击工具栏中的“页面设置”按钮，打开“页面设置”对话框，如图 2-85 所示。

步骤三：在“版式”选项卡的“页眉和页脚”框中，单击“奇偶页不同”复选框。

步骤四：单击“确定”按钮，返回页眉编辑区，此时页眉编辑区左，上角出现“奇数页页眉”字以提醒用户。在“奇数页页眉”编辑区键入奇数页页眉的内容。

步骤五：单击工具栏中“显示下一项”按钮，切换到“偶数页页眉”编辑区，键入偶数页页眉内容。

步骤六：单击“关闭”按钮，设置完毕。

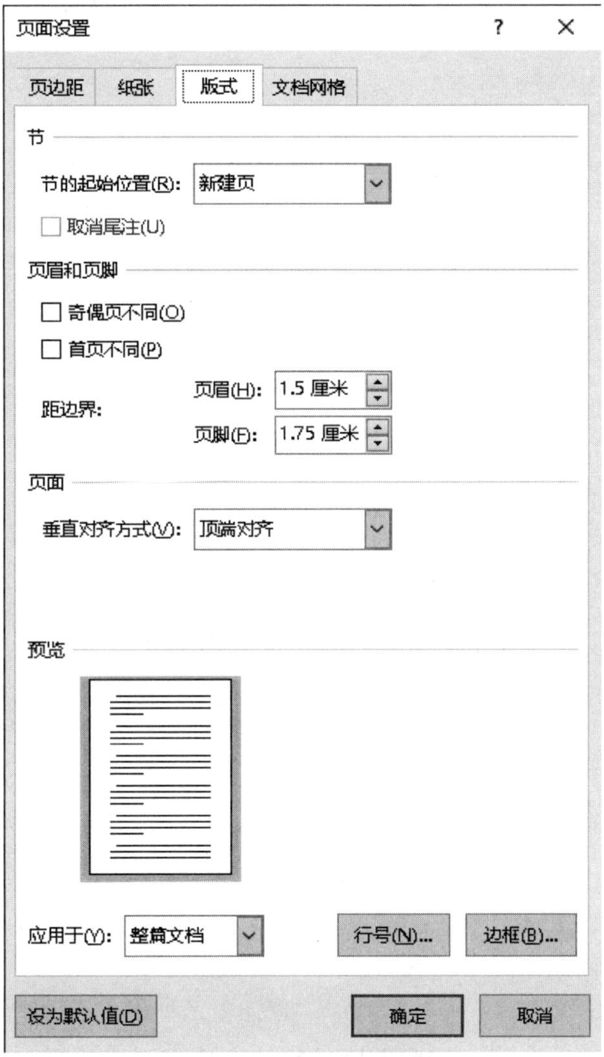

图 2-85　页眉和页脚

3. 页眉和页脚的删除

鼠标右键点击页眉或页脚，进入页眉页脚编辑状态，选定页眉或页脚并按<Delete>键即可。

（五）首字下沉

有些文章用每段的首字下沉来代替每段的首行缩进，使文章醒目。用“插入”菜单中的“首字下沉”命令可以设置或取消首字下沉，步骤如下：

步骤一：将插入点移到要设置或取消首字下沉的段落的任意处。

步骤二：单击“插入”菜单中的“首字下沉”命令打开“首字下沉”对话框，如图 2–86 所示。

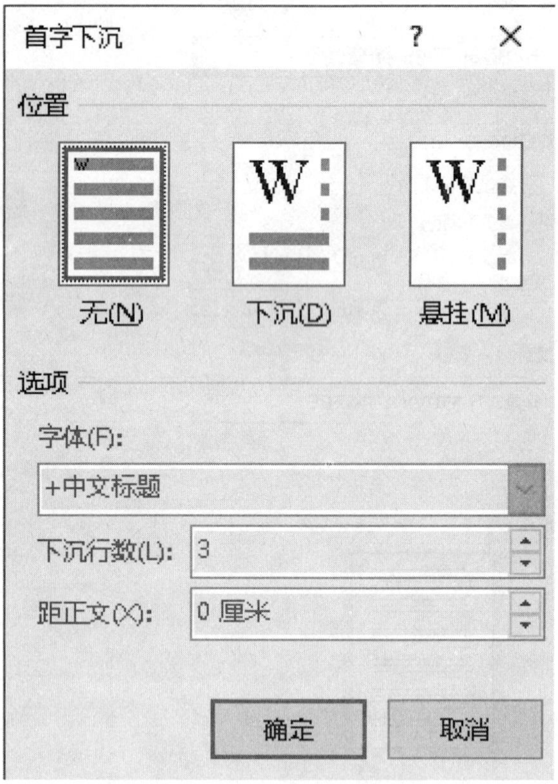

图 2–86　首字下沉

步骤三：在“位置”的“无”“下沉”“悬挂”三种格式选项中选定一种。

步骤四：在“选项”组中选定首字的字体，填入下沉的行数和距其后面正文的距离。

步骤五：单击“确定”按钮。

（六）水印

利用“页面布局”菜单中的“水印”命令可以给文档设置水印。给文档设置诸如“绝密”“严禁复制”或“样张”等字样的“水印”可以提醒读者对文档的正确使用。设置水印的步骤是：

（1）单击“设计”菜单中的“水印”下拉菜单，选择自定义“水印”，如图 2–87 所示。

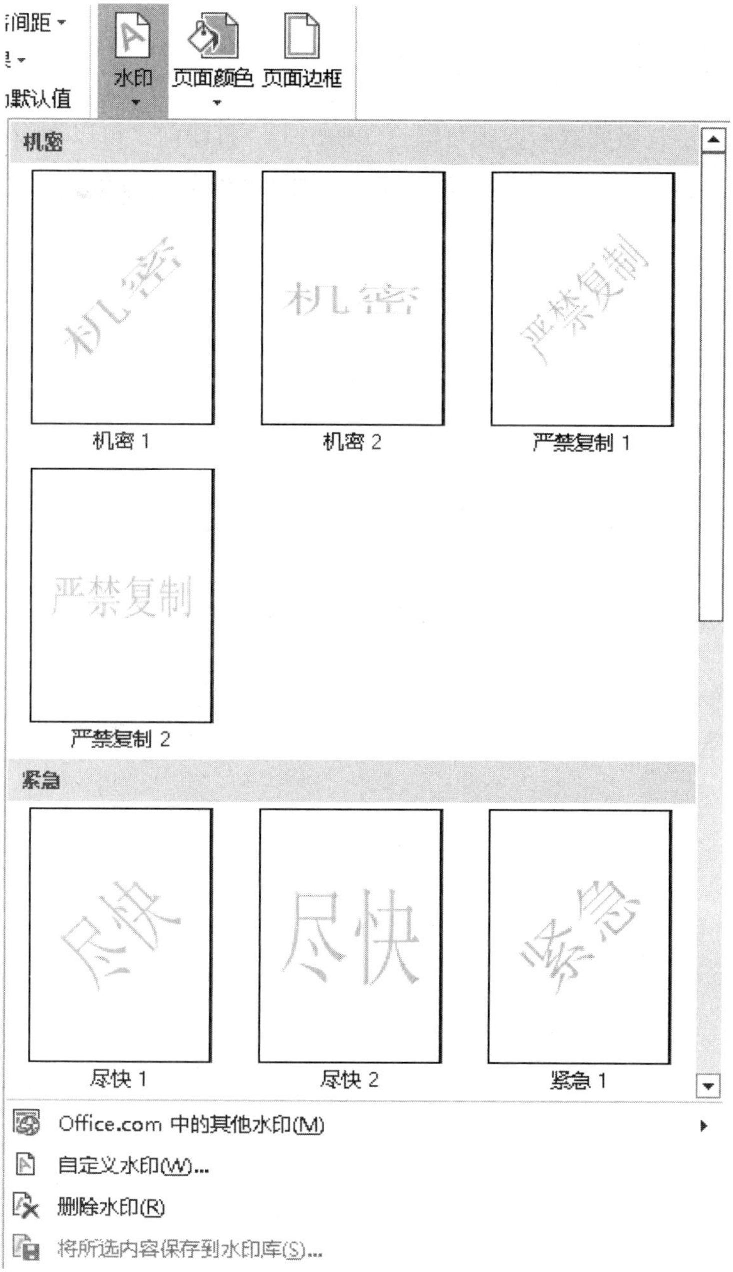

图 2–87 水印

（2）在“水印”对话框的“文字水印”的“文字”文本框中输入或选定水印文本，再分别选定字体、尺寸、颜色和输出形式。

（3）单击“确定”按钮完成设置。如果要取消水印，则可打开“水印”下拉菜单选择“删除水印”按钮。

二、文档的打印

当文档编辑、排版完成后，就可以打印输出了。打印前，可以利用预览功能先查看一下排版是否理想。如果满意，则打印，否则可继续修改排版。“文件”下拉菜单中的“打印预览”和“打印”命令或常用工具栏中的“打印预览”和“打印”按钮可以实现打印预览和打印。

（一）打印预览

单击“常用工具栏”中的“打印预览”按钮或“文件”菜单中的“打印”命令，如图2–88所示。

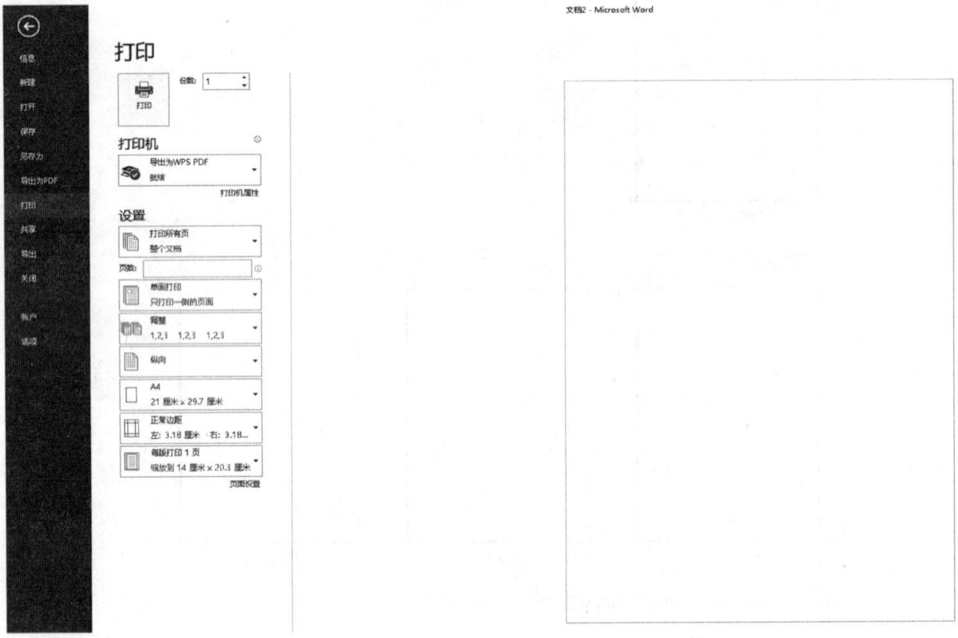

图 2–88　打印预览

预览窗口中可以使用右下角滑轨调整预览文件比例。查看后可单击左上角“开始”等菜单按钮退出打印预览状态。如果认为合适可以按“打印”按钮打印输出。

（二）打印

打印前，最好先保存文档，以免意外丢失。Word 2013 提供了许多灵活的打印功能。可以打印一份或多份文档，也可以打印文档的一页或几页。当然，在打印前，应准备好打印机。常用的操作如下：

1. 打印一份文档

打印一份当前文档最简单，只要单击常用工具栏中的快速打印按钮即可。

2. 打印多份文档

如果要打印多份文档，单击“文件”菜单中的“打印”命令或按快捷键 Ctrl+P，打开“打印”对话框，如图 2–89 所示。

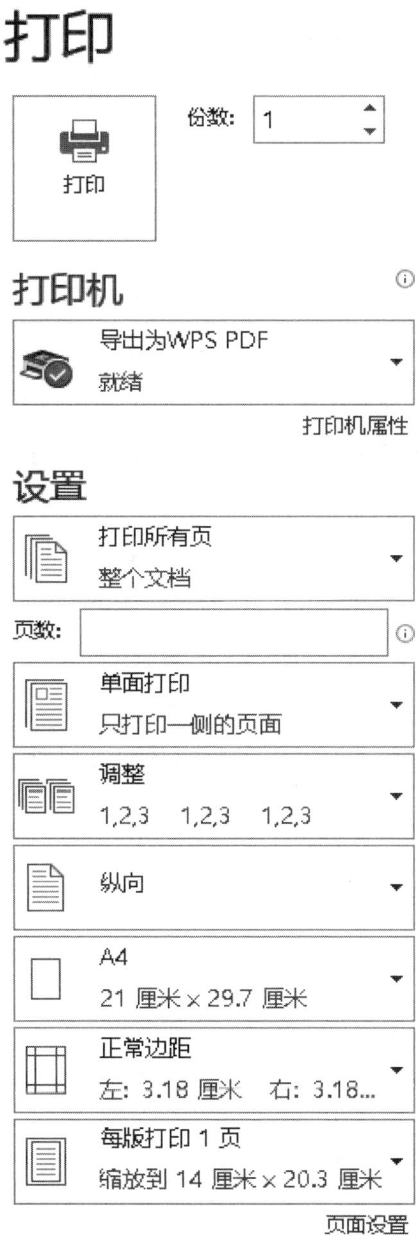

图 2–89　打印

在“份数”列表中填入需要的份数，单击“打印”按钮就开始执行打印命令。

议一议

当打印出来的表格超出了纸张大小，这时该如何处理?

3. 打印一页或几页

如果在“页码范围”选项组中，选定单选项框“打印当前页”，那么只打印当前插入点所在的一页；如果选定单选框“页码范围”，并在其右边的文本框中填入页码，则可以打印指定的页面。

练习题

一、选择题

1.Word的页边距可以通过（　　）设置。

A.“页面”视图下的“标尺”　　B.“格式”菜单下的段落

C.“文件”菜单下的“页面设置”　　D.“工具”菜单下的“选项”

2.Word 在编辑一个文档完毕后，要想知道它打印后的结果，可使用（　　）功能。

A.打印预览　　B.模拟打印

C.提前打印　　D.屏幕打印

二、填空题

1.如果想在文档中加入页眉、页脚，应当使用（　　　）菜单中的“页眉和页脚”命令。

2.在（　　　）选项卡的（　　　）功能区中可以设置页面的水印、页面边框、页面颜色和背景图案等。

3.页面设置对话框有（　　　），（　　　），（　　　），（　　　）4个选项卡。

4.要建立和编辑页眉页脚，可使用 Word 2013 的（　　　）选项卡（　　　）功能区中的（　　　）或（　　　）按钮，也可以双击页面视图的页眉页脚区域进入页眉页脚的编辑状态。

三、判断题

1.页边距可以通过标尺设置。（　　）

2.页眉与页脚一经插入，就不能修改了。（　　）

四、实作练习

步骤一：打开“朱自清的《荷塘月色》”文档；

步骤二：调整所有边距为1.27cm，横向；

步骤三：插入一幅表现春天的插图，调整位置和大小；

步骤四：页眉中插入图片和“朱自清的《荷塘月色》”字样；

步骤五：打印文档。

课后训练

一、回答问题

1.一个新文档的建立及保存方式有哪几种方式？

2.文档保存时的默认路径是什么位置？

3.新文档的保存与文档的再次保存有何区别？

4.特殊字符如何输入？

5.学生演示文本的选择、移动、复制有哪些方法？

6.文字底纹与段落底纹效果是否一致？

二、文档操作

1.复制以下文字到新的文档中，并命名为“学号后2位+姓名”。

对于一个在北平住惯的人，像我，冬天要是不刮风，便觉得是奇迹；济南的冬天是没有风声的。对于一个刚由伦敦回来的人，像我，冬天要能看得见日光，便觉得是怪事；济南的冬天是响晴的。自然，在热带的地方，日光永远是那么毒，响亮的天气，反有点儿叫人害怕。可是，在北方的冬天，而能有温晴的天气，济南真得算个宝地。

设若单单是有阳光，那也算不了出奇。请闭上眼睛想：一个老城，有山有水，全在天底下晒着阳光，暖和安适地睡着，只等春风来把它们唤醒，这是不是理想的境界？小山把济南围了个圈儿，只有北边缺着点口儿。这一圈小山在冬天特别可爱，好像是把济南放在一个小摇篮里，它们安静不动地低声地说：“你们放心吧，这儿准保暖和。”真的，济南的人们在冬天是面上含笑的。他们一看那些小山，心中便觉得有了着落，有了依靠。他们由天上看到山上，便不知不觉地想起：明天也许就是春天了吧？这样的温暖，今天夜里山草也许就绿起来了吧？就是这点儿幻想不能一时实现，他们也并不着急，因为这样慈善的冬天，干什么还希望别的呢！

最妙的是下点儿小雪呀。看吧，山上的矮松越发的青黑，树尖儿上顶//着一髻儿白花，好像日本看护妇。山尖儿全白了，给蓝天镶上一道银边。山坡上，有的地方雪厚点儿，有的地方草色还露着；这样，一道儿白，一道儿暗黄，给山们穿上一件带水纹儿的花衣；看着看着，这件花衣好像被风儿吹动，叫你希望看见一点儿更美的山的肌肤。等到快日落的时候，微黄的阳光斜射在山腰上，那点儿薄雪好像忽然害羞，微微露出点儿粉色。就是下小雪吧，济南是受不住大雪的，那些小山太秀气。

古老的济南，城里那么狭窄，城外又那么宽敞，山坡上卧着些小村庄，小村庄的房顶上卧着点雪，对，这是张小水墨画，也许是唐代的名手画的吧。

那水呢，不但不结冰，倒反在绿萍上冒着点热气，水藻真绿，把终年贮蓄的绿色全拿出来了。天儿越晴，水藻越绿，就凭这些绿的精神，水也不忍得冻上，况且那些长枝的垂柳还要在水里照个影儿呢！看吧，由澄清的河水慢慢往上看吧，空中，半空中，天上，自上而下全是那么清亮，那么蓝汪汪的，整个的是块空灵的蓝水晶。这块水晶里，包着红屋顶，黄草山，像地毯上的小团花的灰色树影。这就是冬天的济南。

2.设置文档为A4纸，上下页边距为2.54厘米，左右页边距为3.17厘米。

3.修改正文内容为宋体五号字。

4.在页首添加标题“济南的冬天”，设置标题格式为楷体，3号，加粗，字符间的间距为加宽3磅，并设为居中对齐。

5.给段首第一句文字加着重号，并修改字体颜色为蓝色。

6.为全文所有段落设置首行缩进2个字符。

7.为所有段落添加段后0.5行的间距，行距为固定值20磅。

8.第二段左右各缩进2个字符，添加1.5磅带阴影的边框线（段落），灰色底纹（文字）。

9.复制下面的英文到当前文档的正文之后，并为其添加项目符号。Do one thing at a time，and do well. Never forget to say "thanks" . Keep on going never give up. Whatever is worth doing is worth doing well. Believe in yourself.

10.将第3段的第一个字设置为首字下沉，下沉2行，字体为隶书，并自行选择“文本效果”。并将该段分为不等宽2栏，第1栏宽度12个字符。

11.取消第4、5段的首行缩进，同时设置左右各缩进4个字符，并在段落左右加3

磅边框线和25%的灰色底纹。

12.设置页眉为班级+姓名，如“英语101张三”，页脚为当前日期，页眉居中，页脚右对齐。

请完成对“项目二”学习的自我评价，自我评价表如表2-5所示。

表2-5　　自我评价表（项目二）

评价模块 / 知识点	知识与技能			作业实操			体验与探索		
	熟练掌握	一般认识	简单了解	独立完成	合作完成	不能完成	收获很大	比较困难	不感兴趣
Word 2013 的文档创建	□	□	□	□	□	□	□	□	□
Word 2013 的文本编辑	□	□	□	□	□	□	□	□	□
Word 2013 的文档格式设置	□	□	□	□	□	□	□	□	□
Word 2013 的视图模式	□	□	□	□	□	□	□	□	□
Word 2013 的表格	□	□	□	□	□	□	□	□	□
Word 2013 的图形处理	□	□	□	□	□	□	□	□	□
Word 2013 的页面设置与打印	□	□	□	□	□	□	□	□	□
疑难问题									
学习收获									

项目三
Excel 2013 的应用

导语

Microsoft Excel是款电子表格软件。Excel的主要功能就是进行数据处理。其实，人类自古以来都有处理数据的需求，文明程度越高，需要处理的数据就越多越复杂，而且对处理的要求也越高，速度还必须越来越快。因此，人们不断改善所借助的工具来完成数据处理需求。当信息时代来临时，人们频繁地与数据打交道，Excel也就应运而生了。它作为数据处理的工具，拥有强大的计算、分析、传递和共享功能，可以帮助我们将繁杂的数据转化为信息。

学习目标

· 了解 Excel 2013 软件的特点和作用
· 掌握 Excel 2013 软件的基本操作功能
· 能够使用 Excel 2013 制作常用的办公图表

你知道吗?

Microsoft Excel凭借直观的界面、出色的计算功能和图表工具，成为最流行的个人计算机数据处理软件。在1993年，作为Microsoft Office的组件发布了5.0版之后，Excel就开始成为所适用操作平台上的电子制表软件的霸主。

知识要点

Excel 2013 是 office 2013 套装软件中专门进行图表处理的应用软件，利用Excel 2013 可以制作专业水准的电子表格、完成复杂的数据运算，同时 Excel 2013 能够通过多样的方法分析、管理和共享信息，帮助用户做出更好、更明智的决策，为用户跟踪和突出显示重要的数据趋势。无论是要生成财务报表还是管理个人支出，Excel 2013 都能够高效、灵活地实现目标。

任务一　创建 Excel 2013 工作簿

做中学

小组分工合作，网上收集资料了解不同版本Excel的差异，请将收集到的资料填写到表3-1中。

表 3–1

版本	2003版	2007版	2010版	2013版
区别				
相同点				
兼容性				

一、认识Excel 2013 的工作界面

启动 Excel 2013 后，系统自动建立一个空白工作簿。“工作簿”在 Excel 2013 中的作用是处理和存储数据的文件，每一个工作簿都可以包含多张工作表，因此可在一份文件中管理多种类型的相关信息。Excel 2013窗口如图 3–1 所示，主要由八个部分

组成，分别是标题栏、菜单栏、工具栏、工作表区、功能区、滚动条、工作表选择区和视图按钮。

图 3–1　Excel 2013 的基本界面

（一）标题栏

标题栏位于窗口的最上方，显示该文档的名称。第一次打开窗口时显示的标题为“工作簿 1”。

（二）菜单栏

菜单栏位于标题栏的下方，在此可以根据不同的分类来选择相应的操作，例如：单击“文件”这个菜单选项，可以选择对文件进行新建、打开和保存等操作。菜单栏里存放了 Excel 2013 的所有操作命令。

（三）快速访问工具栏

通过点击快速访问工具栏可以快速新建文件、保存文件、返回操作等。

（四）功能区

功能区位于菜单栏的下方，点击不同的菜单栏可以获得相应的功能区。

（五）滚动条

滚动条分为水平滚动条和垂直滚动条两种，分别包围在文档编辑区的下端与右端。通过上拉或下拉垂直滚动条，或者左移或者右移水平滚动条来浏览文档的所有内容。当屏幕中能够显示整个页面时，滚动条会自动消失。一旦无法显示整个页面，滚动条会自动显现出来。

（六）视图按钮

通过点击视图按钮可以快速在页面视图、阅读版式图、Web版视图、大纲视图、草稿之间切换。另外通过调整后部百分比可以调整文本编辑区画幅。

议一议

不同的视图都能起到什么作用，在什么场景中会用到这种视图？

（七）工作表切换区

可以在此区域新建或删除工作表，也可以在此点击按钮实现同一工作簿的不同工作表之间的切换。

（八）工作表

工作表是显示在屏幕上由表格组成的一个区域。此区域称为“工作表区”各种数据将通过它来输入显示。

二、建立电子表单

下面将以建立一张商品清单表的操作来说明 Excel 2013 的一些基本操作：

步骤一：如图 3–2所示，单击 A1 单元格。工作表提供了一系列的单元格，各单元格也各有一个名称，将光标移至单元格内后，其状态将变成一个十字形。

步骤二：输入“商品名”，按一下键盘上的右方向键，然后输入“单价”，接着在位于右旁的两列中分别输入“数量”“总价”。如图 3–3 所示，使用键盘上的左、右、上、下方向键可以将光标移至各单元格上，这就选定了当前单元

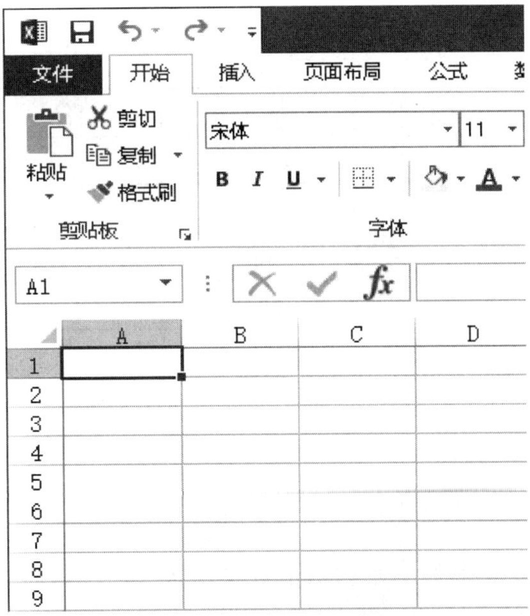

图 3–2 创建工资表

格，从而让您在各单元格中输入文字信息。

图 3–3　创建工资表

步骤三：如图 3–4 所示，A2 输入薯片，在 B2 输入 8，在 C2 输入 200，在 D2 输入 1600，并依次输入鸡爪、面包、方便面、可口可乐、牛奶的信息。

	A	B	C	D
1	商品名	单价	数量	总价
2	薯片	8	200	1600
3	鸡爪	11	100	1100
4	面包	6	40	240
5	方便面	2.5	500	1250
6	可口可乐	3	200	600
7	牛奶	3	100	300

图 3–4　创建工资表

想一想

制作出来的表格有没有缺点，可以通过哪些方面进行优化，让表格看起来更加美观呢？

三、设置电子表单

我们可以通过点击鼠标左键选择需要进行设置的单元格，在出现的菜单中选择“设置单元格项”，如图3–5所示。也可以通过使用“CTRL+1”的快捷键调出单元格设置对话框。下面的操作将结合“商品清单表”的特点来进行说明。

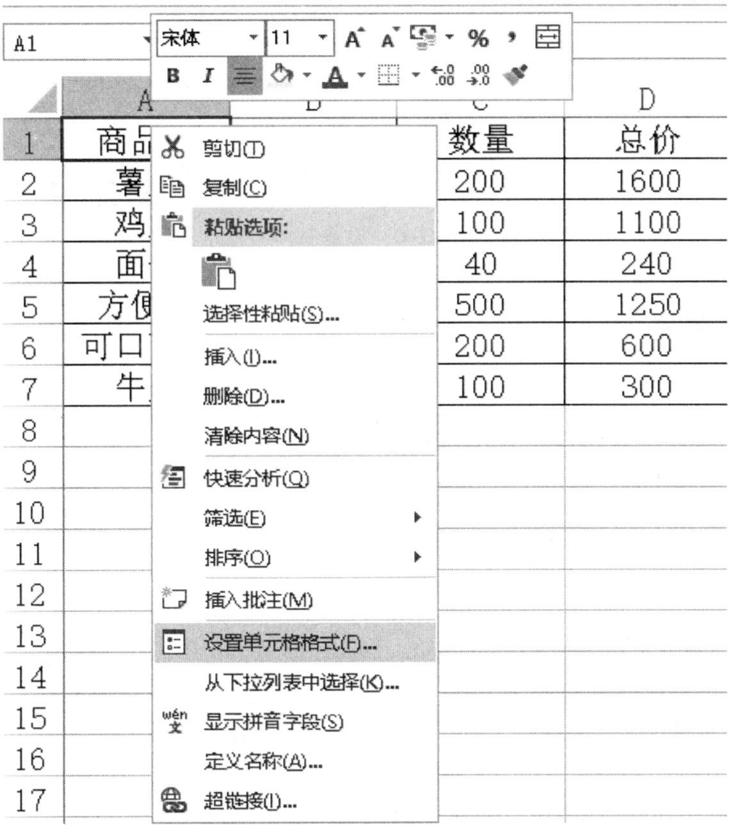

图 3–5 快速访问工具栏

（一）设置字体

具体操作步骤如下：

步骤一：左键选中 A2–D2 单元格，使用快捷键“CTRL+1”调出单元格设置对话框，如图3–6所示。

步骤二：在【设置单元格格式】栏目内选择【字体】标签。

步骤三：选择好合适的字体、字形、字号，并点击【确定】以确认。

图 3-6　设置字体

（二）设置数字

具体操作步骤如下：

步骤一：左键选中 D2 单元格，使用快捷键“CTRL+1”调出单元格设置对话框，如图 3-7 所示。

步骤二：在【设置单元格格式】栏目内选择【数字】标签。

步骤三：【数字】标签中可以调节数字分类，选择不同国家 / 地区的货币符号，以及调整该数据的负数格式。

图 3-7　设置数字

补充知识

除了设置字体格式外，还可以修改字体的颜色、表格边框、表格颜色和底纹等方式突出展示重要的信息。

（三）格式刷

具体操作步骤如下：

步骤一：左键选中 D2 单元格。

步骤二：单击“格式刷”图标，按住左键向下拖拽。操作后下部单元格字体与数字格式与 D2 单元格统一，如图 3–8 所示。

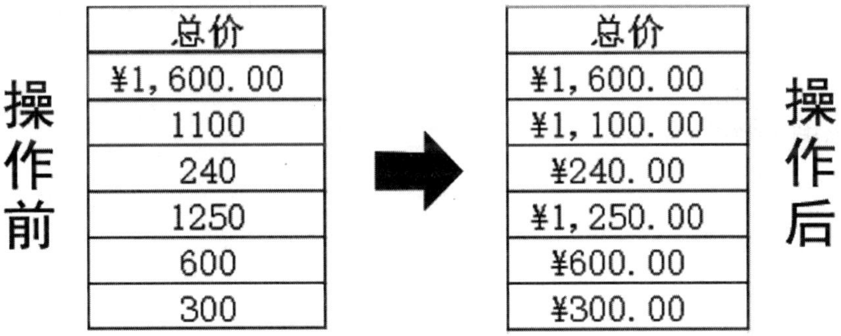

图 3–8　格式刷的使用

（四）插入标题行

具体操作步骤如下：

步骤一：使用鼠标右键点击行号 1，在出现的下拉菜单中选择插入。

步骤二：使用“CTRL+1”调出单元格设置对话框。

步骤三：按图 3–9 进行设置。

步骤四：在合并后的单元格内输入“商品清单表”即插入了文本标题。

（五）添加总计单元格

具体操作步骤如下：

步骤一：左键选定 D9 单元格，单击“公式”功能栏下的“插入函数”图表，出现插入函数对话框，如图 3–10 所示。

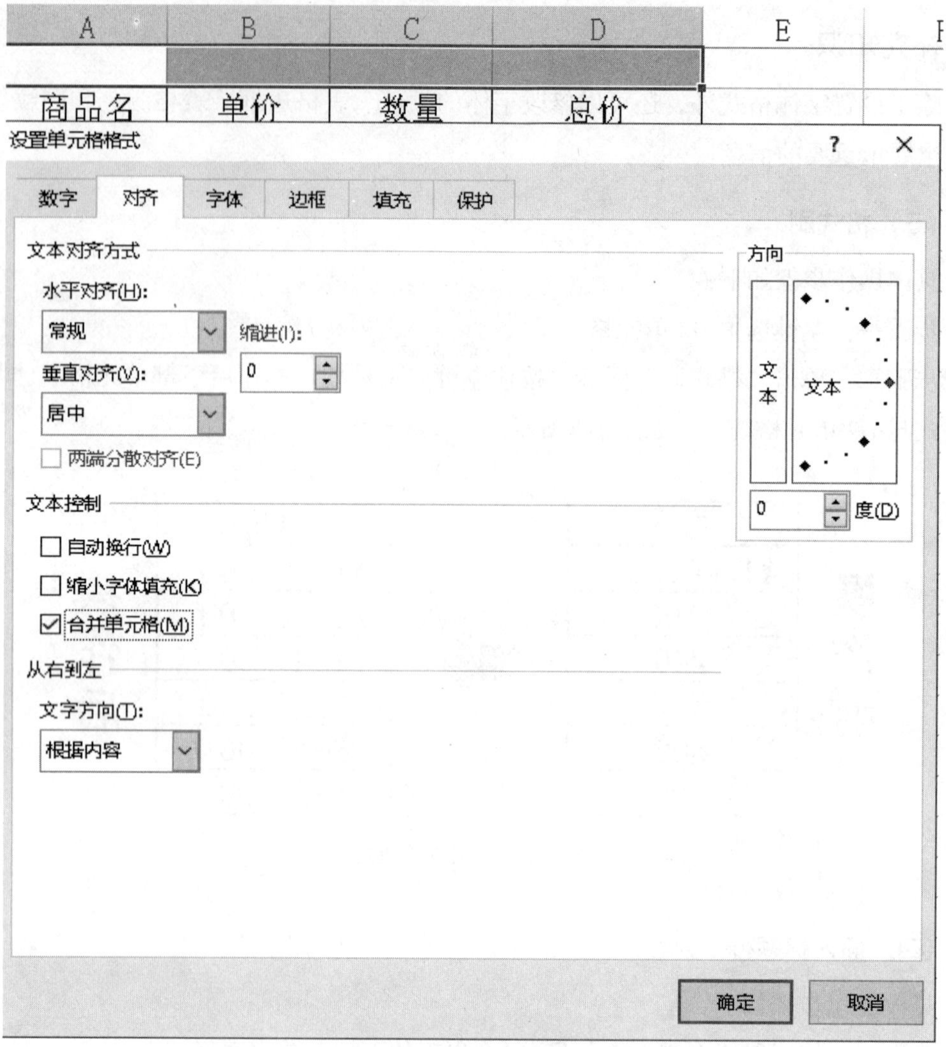

图 3–9　插入标题行

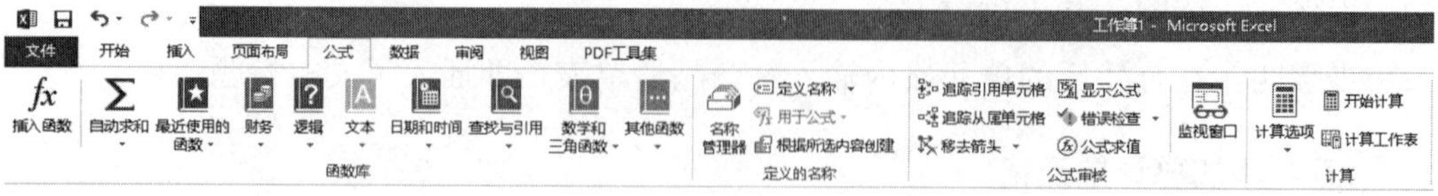

图 3–10　添加总计单元格

步骤二：选择常用函数下的 SUM 函数（求和），出现函数参数对话框，如图 3–11 所示。

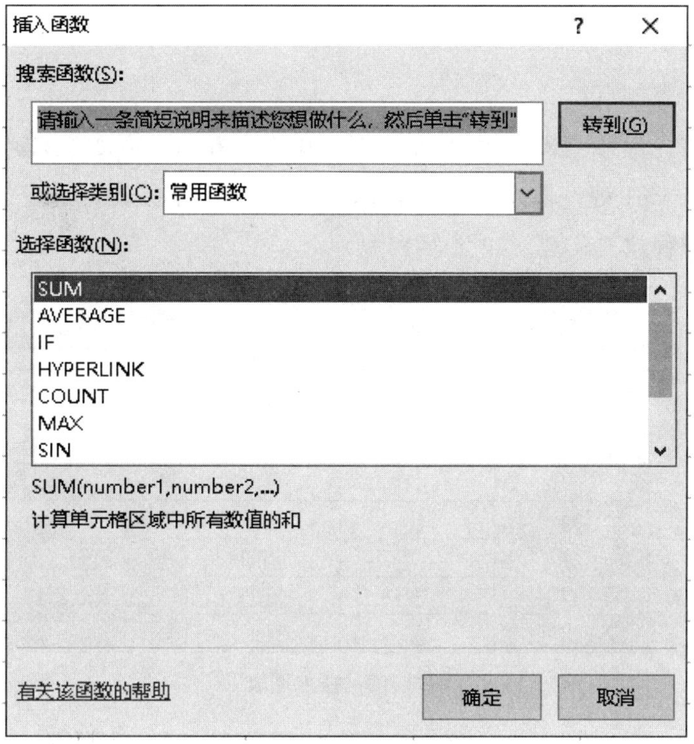

图 3-11　添加总计单元格

步骤三：在 Number1 单元格内，输入D3：D8，点击确定，D9单元格即为所有商品的总金额，如图3-12所示。

	A	B	C	D
1	商品清单表			
2	商品名	单价	数量	总价
3	薯片	8	200	¥1,600.00
4	鸡爪	11	100	¥1,100.00
5	面包	6	40	¥240.00
6	方便面	2.5	500	¥1,250.00
7	可口可乐	3	200	¥600.00
8	牛奶	3	100	¥300.00
9				¥5,090.00

图 3-12　添加总计单元格

议一议

除了加法公式，在日常的工作、学习中还会常用到哪些运算呢？

（六）插入图表

具体操作步骤如下：

步骤一：将光标移至 A2 单元格上。然后单击它并向下拖动，选定各商品的名称，并按住键盘上的 Ctrl 键，将光标移至 D2 单元格上，向下拖动，选定各商品的总金额后，结束拖动并释放 Ctrl 键，如图 3–13 所示。

	A	B	C	D
1	商品清单表			
2	商品名	单价	数量	总价
3	薯片	8	200	¥1,600.00
4	鸡爪	11	100	¥1,100.00
5	面包	6	40	¥240.00
6	方便面	2.5	500	¥1,250.00
7	可口可乐	3	200	¥600.00
8	牛奶	3	100	¥300.00

图 3–13　插入图表

步骤二：点击“插入”标签下图表区域内的柱状图图标，在下拉菜单中选择“三维柱状图”，如图 3–14 所示，得到图 3–15 的结果。

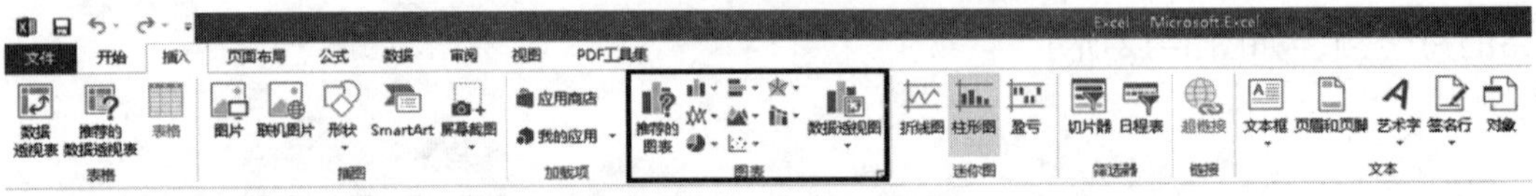

图 3–14　插入图表

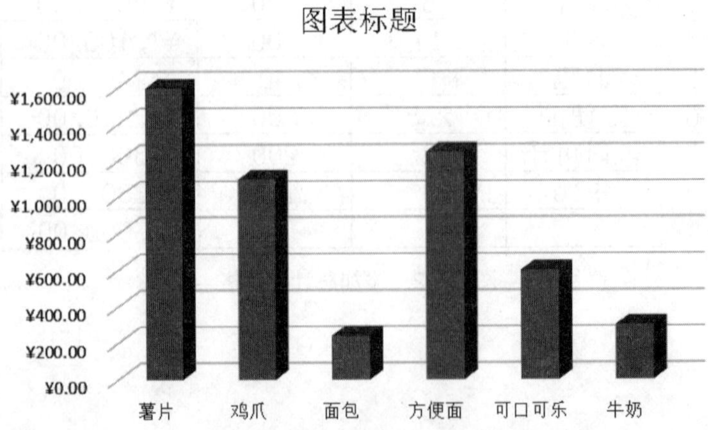

图 3–15　插入图表

议一议

相对于表格，插入图表有哪些优点和不足？图表的使用场景有哪些？

做中学

在表格中插入折线图、饼图、条形图、面积图、散点图等图表，并分析各种图表都有什么优点。

练习题

一、填空题

1. 在 Office 2013 中，Excel 2013 默认保存工作簿的格式扩展为（　　　）。

2. 一个新建的 Excel 文件默认包含（　　　）个工作表。

3.Excel 2013 中，对输入的文字进行编辑是选择（　　　）功能区。

二、判断题

1. 在 Excel 2013 中自动分页符是无法删除的，但可以改变位置。（　）

2. 如果用户希望对 Excel 数据的修改，用户可以在 WORD 中修改。（　）

3. 移动 Excel 中数据也可以像在 Word 中一样，将鼠标指针放在选定的内容上拖动即可。（　）

4. 在 Excel 2013 工作表中，若要隐藏列，则必须选定该列相邻右侧一列，单击“开始”选项，选择“格式”“列”“隐藏”即可。（　）

5. 在 Excel 2013 中按 Ctrl+Enter 组合键能在所选的多个单元格中输入相同的数据（　）。

三、单项选择题

1.Excel 2013 中，要录入身份证号，数字分类应选择（　）格式。

A. 常规　　B. 数字（值）

C. 科学计数　　D. 文本

E. 特殊

2. 如果用户想保存一个正在编辑的文档，但希望以不同文件名存储，可用（　）命令。

A. 保存　　B. 另存为

C. 比较　　D. 限制编辑

3. 设打开一个原有文档，编辑后进行“保存”操作，则该文档（　　）。

A. 被保存在原文件夹下　　B. 可以保存在已有的其他文件夹下

C. 可以保存在新建文件夹下　　D. 保存后文档被关闭

4. 为了区别“数字”和“数字字符串”数据，Excel 要求在输入项前添加（　　）符号来区别。

A.#　　B.@

C.”　　D.’

5. 下列关于 Excel 的叙述中，错误的是（　　）。

A. 一个 Excel 文件就是一个工作表

B. 一个 Excel 文件就是一个工作簿

C. 一个工作簿可以有多个工作表

D. 双击某工作表标签，可以对该工作表重新命名

6. 在 Excel 中，双击某工作表标签将（　　）。

A. 重命名该工作表　　B. 切换到该工作表

C. 删除该工作表　　D. 隐藏该工作表

7. 在 Excel 中，字符型数据的默认对齐方式是（　　）。

A. 左对齐　　B. 右对齐

C. 两端对齐　　D. 视具体情况而定

8.Excel 的缺省工作簿名称是（　　）。

A. 文档 1　　B. sheet1

C. book1　　D. DOC

9. 某区域由 A1，A2，A3，B1，B2，B3 六个单元格组成。下列不能表示该区域的是（　　）。

A. A1：B3　　B. A3：B1

C. B3：A1　　D. A1：B1

10. 在 Excel 中，下面说法不正确的是（　　）。

A .Excel应用程序可同时打开多个工作簿文档

B. 在同一工作簿文档窗口中可以建立多张工作表

C. 在同一工作表中可以为多个数据区域命名

D. Excel新建工作簿的缺省名为“文档 1”

11. Excel的主要功能是（　　）。

A. 表格处理，文字处理，文件管理

B. 表格处理，网络通讯，图表处理

C. 表格处理，数据库管理，图表处理

D. 表格处理，数据库管理，网络通讯

12. Excel 2013 工作簿的最小组成单位是（　　）。

A. 工作表　　B. 单元格

C. 字符　　D. 标签

13. 一个工作簿最多可以包含（　　）个工作表。

A. 10　　B. 64

C. 128　　D. 255

14. 一个工作簿启动后，默认创建了（　　）个工作表。

A.1　　B.3

C.8　　D.10

15. 全选按钮位于 Excel 2013 窗口的（　　）。

A. 工具栏中　　B. 左上角，行号和列标在此相汇

C. 编辑栏中　　D. 底部，状态栏中

16. 在 Excel 工作表单元格中输入字符型数据 5118，下列输入中正确的是（　　）。

A. ‘5118　　B. “5118

C. “5118”　　D. ‘5118’

17. 在 Excel 编辑状态下，若要调整单元格的宽度和高度，利用下列哪种方法更直接、快捷（　　）。

A. 工具栏　　B. 格式栏

C. 菜单栏　　D. 工作表的行标签和列标签

18. 以下不属于 Excel 2013 中数字分类的是（　　）。

A. 常规　　B. 货币

C. 文本　　D. 条形码

19. 在 Excel 2013 中要录入身份证号，数字分类应选择（　　）格式。

A. 常规　　B. 数字（值）

C. 科学计数　　D. 文本

20. 在 Excel 2013 中要想设置行高、列宽，应选用（　　）功能区中的“格式”命令。

A. 开始　　B. 页面布局

C. 视图　　D. 特色功能

21. Excel 是（　）。

A. 表格处理软件　　B. 系统软件

C. 硬件　　D. 操作系统

四、多项选择题

1. Excel 所拥有的视图方式有（　）。

A. 普通视图　　B. 分页预览视图

C. 大纲视图　　D. 页面视图

2. 以下关于管理 Excel 表格正确的表述是（　）。

A. 可以给工作表插入行　　B. 可以给工作表插入列

C. 可以插入行，但不可以插入列　　D. 可以插入列，但不可以插入行

3. 以下属于 Excel 中单元格数据类型有（　）。

A. 文本　　B. 数值

C. 逻辑值　　D. 出错值

4. 以下说法正确的是（　）。

A. 在 Word 中，视图默认的视图为普通视图

B. 在 Excel 中，视图默认的视图为普通视图

C. 在 PowerPoint 中，视图默认的视图为普通视图

D. 以上答案只有 A、B 正确

5. 以下选项中，中文版式方式包括以下几种（　）。

A. 拼音指南　　B. 双行合一

C. 带圈字符　　D. 纵横混排

6. 在 Excel 2013 中，“Delete”和“全部清除”命令的区别在于（　）。

A. Delete 删除单元格的内容，格式和批注

B. Delete 仅能删除单元格的内容

C. 清除命令可删除单元格的内容，格式或批注

D. 清除命令仅能删除单元格的内容

7. 在 Excel 2003 中，有关插入、删除工作表的阐述，正确的是（　）。

A. 单击“插入”菜单中的“工作表”命令，可插入一张新的工作表

B. 单击“编辑”菜单中的“清除”/“全部”命令，可删除一张工作表

C. 单击“编辑”菜单中的“删除”命令，可删除一张工作表

D. 单击“编辑”菜单中的“删除工作表”命令，可删除一张工作表

8. 在 Excel 单元格中将数字作为文本输入，下列方法正确的是（　　）。

A. 先输入单引号，再输入数字

B. 直接输入数字

C. 先设置单元格格式为“文本”，再输入数字

D. 先输入“=”，再输入双引号和数字

9. 在 Excel 中，序列包括以下哪几种（　　）。

A. 等差序列　　　　B. 等比序列

C. 日期序列　　　　D. 自动填充序列

10. 在 Excel 中，移动和复制工作表的操作中，下面正确的是（　　）。

A. 工作表能移动到其他工作簿中

B. 工作表不能复制到其他工作簿中

C. 工作表不能移动到其他工作簿中

D. 工作表能复制到其他工作簿中

11.“选择性粘贴”对话框有哪些选项（　　）。

A. 全部　　　　B. 数值

C. 格式　　　　D. 批注

12. 在进行查找替换操作时，搜索区域可以指定为（　　）。

A. 整个工作簿　　　　B. 选定的工作表

C. 当前选定的单元格区域　　　　D. 以上全部正确

13. 在 Excel 2013 中要输入身份证号码，应如何输入（　　）。

A. 直接输入

B. 先输入单引号，再输入身份证号码

C. 先输入冒号，再输入身份证号码

D. 先将单元格格式转换成文本，再直接输入身份证号码

14.Excel 2013 中，下面能将选定列隐藏的操作是（　　）。

A. 右击选择隐藏

B. 将列标题之间的分隔线向左拖动，直至该列变窄看不见为止

C. 在“列宽”对话框中设置列宽为 0

D. 以上选项不完全正确

15. 在 Excel 2013 中，若要对工作表的首行进行冻结，下列操作正确的有（　　）。

A.光标置于工作表的任意单元格，执行“视图”选项卡下“窗口”功能区中的“冻结窗格”命令，然后单击其中的“冻结首行”子命令

B.将光标置于A2单元格，执行“视图”选项卡下“窗口”功能区中的“冻结窗格”命令，然后单击其中的“冻结拆分窗格”子命令

C.将光标置于B1单元格，执行“视图”选项卡下“窗口”功能区中的“冻结窗格”命令，然后单击其中的“冻结拆分窗格”子命令

D.将光标置于A1单元格，执行“视图”选项卡下“窗口”功能区中的“冻结窗格”命令，然后单击其中的“冻结拆分窗格”子命令

16.Excel 2013中，只允许用户在指定区域填写数据，不能破坏其他区域，并且不能删除工作表，应怎样设置（　　）。

A. 设置“允许用户编辑区域”　　B. 保护工作表

C. 保护工作簿　　D. 添加打开文件密码

17. 下列选项中，要给工作表重命名，正确的操作是（　　）。

A. 功能键F2

B. 右键单击工作表标签，选择“重命名”

C. 双击工作表标签

D. 先单击选定要改名的工作表，再单击它的名字

18. “选择性粘贴”对话框有哪些选项（　　）。

A. 全部　　B. 数值

C. 格式　　D. 批注

19. 下列数字格式中，属于Excel数字格式的是（　　）。

A. 分数　　B. 小数

C. 科学记数　　D. 会计专用

20. 在一个Excel文件中，想隐藏某张工作表，并且不想让别人看到，应用到哪些知识（　　）。

A. 隐藏工作表　　B. 隐藏工作簿

C. 保护工作表　　D. 保护工作簿

实训操作

根据数据素材制作表格。数据素材如下：

标题：一年级A班学生信息统计表

统计要素：姓名、性别、年龄、体重、身高。

小白（男，16 岁，63 公斤，1.66 米）；小杜（男，17 岁，60 公斤，1.7 米）；小蔡（女，16 岁，48 公斤，1.59 米）；小苏（男，16 岁，55 公斤，1.63 米）；小永（男，17 岁，66 公斤，1.66 米）；小易（男，17 岁，53 公斤，1.67 米）；小李（女，16 岁，48 公斤，1.58 米）。

任务二　认识 Excel 2013 的公式与函数

Excel 2013 提供了对数据的统计、计算和管理功能。用户可以使用系统提供的运算符和函数建立公式，系统将按公式自动进行计算。如果参与计算的相关数据发生变化，Excel 会自动更新结果。

一、计算公式

在Excel 2013 中，“公式”是在单元格中执行计算的方程式，如一个执行数学计算的加、减就是一种简单的公式。

前面的操作中，对工资额的总计就使用了这样的公式，此时若单击显示商品总金额总计的单元格——D9，当它处于选定状态，“编辑栏”中就会显示所使用的公式，如图 3–16 所示。

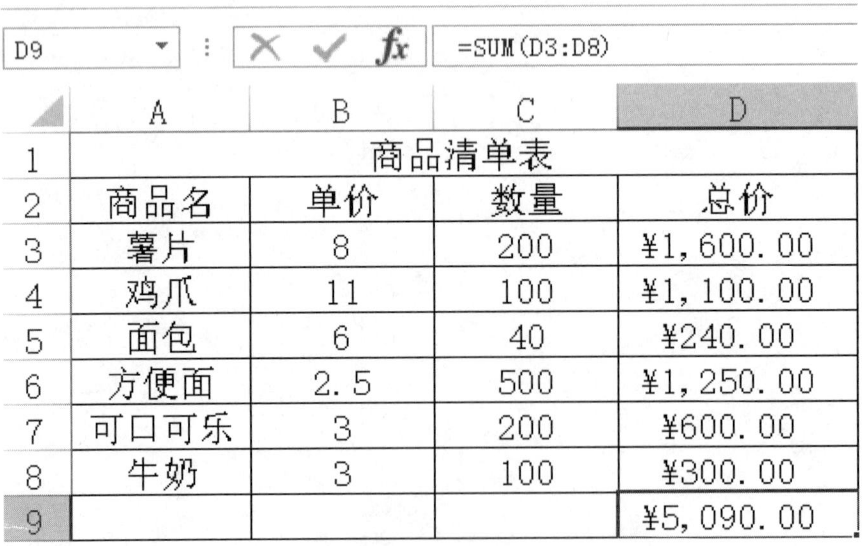

	A	B	C	D
1	商品清单表			
2	商品名	单价	数量	总价
3	薯片	8	200	¥1,600.00
4	鸡爪	11	100	¥1,100.00
5	面包	6	40	¥240.00
6	方便面	2.5	500	¥1,250.00
7	可口可乐	3	200	¥600.00
8	牛奶	3	100	¥300.00
9				¥5,090.00

图 3–16　计算公式

只要记住公式的应用法则，无论在单元格中，还是在“编辑栏”中都能建立并使用。图 3–17 是一个公式范例。

如果正确地创建了计算公式，那么在默认状态下，其计算值就会显示在单元格中，公式则显示在“编辑栏”中。如果要使工作表中所有的公式在显示公式内容与显示结果之间切换，可按下“CTRL+~”组合键（位于键盘左上侧）。

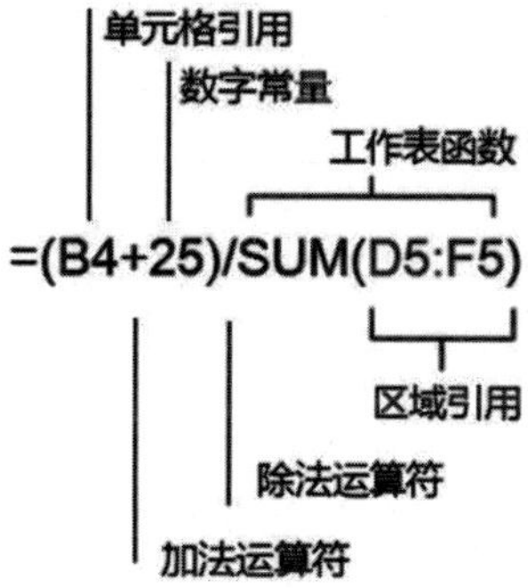

图 3–17　计算公式

想一想

想一想这些公式都能应用到什么样的场景中？都能带来什么样的帮助。

二、运算符

（一）算数运算符

算数运算符用于完成基本的数学运算，如加法、减法和乘法，连接数字和产生数字结果等。各算术运算与用途如表 3–2 所示。

表 3–2　　算数运算符

算术运算符	名称	用途	示例
+	加号	加	3+3
–	减号	“减”以及表示负数	2–1　–2
*	星号	乘	3*3
/	斜杠	除	3/3
%	百分号	百分比	20%
^	脱字符	乘方	3^2（与 3*3 相同）

（二）比较运算符

比较运算符用于比较两个值，比较结果将是一个逻辑值，即不是 TRUE（真）就是FALSE（假）。与其他的计算机程序语言查类似，这类运算符还用于按条件做下一步运算。各算术运算符名称与用途如表 3–3 所示。

表 3–3　　比较运算符

比较运算符	名称	用途	示例
=	等号	等于	A1=B1
>	大于号	大于	A1>B1
<	小于号	小于	A1<B1

续表

比较运算符	名称	用途	示例
>=	大于等于号	大于等于	A1>=B1
<=	小于等于号	小于等于	A1<=B1
<>	不等于	不等于	A1<>B1

（三）文本运算符

文本运算符是一个文字串联符——&，用于加入或连接一个或更多字符串来产生一大段文本。如“North” & “wind”，结果将是 North wind。

（四）引用运算符

引用表 3–4 的运算符可以将单元格区域合并起来进行计算。

表 3–4　　引用运算符

引用运算符	名称	用途	示例
：	冒号	区域运算符，对两个引用之间，包括两个引用在内的所有单元格进行引用	B5：B15
，	逗号	联合操作符将多个引用合并为一个引用	SUM（B5：B15，D5：D15）

（五）运算的顺序

如果公式中使用了多个运算符，Excel 将按表 3–5 所示的顺序进行运算。如果公式中包含了相同优先级的运算符，例如，同时包含了乘法和除法运算符，则将从左到右进行计算。如果要修改计算的顺序，可把需要首先计算的部分放在一对圆括号内。

表 3–5　　运算顺序

优先级	运算符	用途
1	:（冒号）	引用运算符
2	（空格）	
3	,（逗号）	
4	–（负号）	–1
5	%	百分比
6	^	乘方
7	* 和 /	乘和除
8	+ 和 –	加和减
9	&	连接两串文本

（六）应用计算公式的范例

（1）求和应用=SUM（F6，D7，-E7）

（2）合并“姓”和“名”=D5&" "&E5

（3）合并日期与文本=" 时间："&TEXT（F5，"d-mmm-yy"）

（4）按百分比增加=F5*（1+5%）

（5）基于单个条件求和=SUMIF（B3：B8，">20"，D3：D8）

三、函数的概念

Excel 中所提的函数其实是一些预定义的公式，它们使用一些称为参数的特定数值按特定的顺序或结构进行计算。用户可以直接用它们对某个区域内的数值进行一系列运算，如分析和处理日期值和时间值、确定贷款的支付额、确定单元格中的数据类型、计算平均值、排序显示和运算文本数据等等。例如，SUM 函数对单元格或单元格区域进行加法运算。

议一议

函数和公式有什么样的区别，分别在哪些方面？

（一）参数

参数可以是数字、文本、形如 TRUE 或 FALSE 的逻辑值、数组、形如 #N/A 的错误值或单元格引用。给定的参数必须能产生有效的值。参数也可以是常量、公式或其他函数。参数不仅仅是常量、公式或函数，还可以是数组、单元格引用。

（二）常量

常量是直接键入到单元格或公式中的数字或文本值，或由名称所代表的数字或文本值。例如，日期 10/9/96、数字 210 和文本 "Quarterly Earnings" 都是常量。公式或由公式得出的数值都不是常量。

（三）函数的结构

如图 3-18 所示，函数的结构以函数名称开始，后面是左圆括号、以逗号分隔的参数和右圆括号。如果函数以公式的形式出现，请在函数名称前面键入等号（=）。

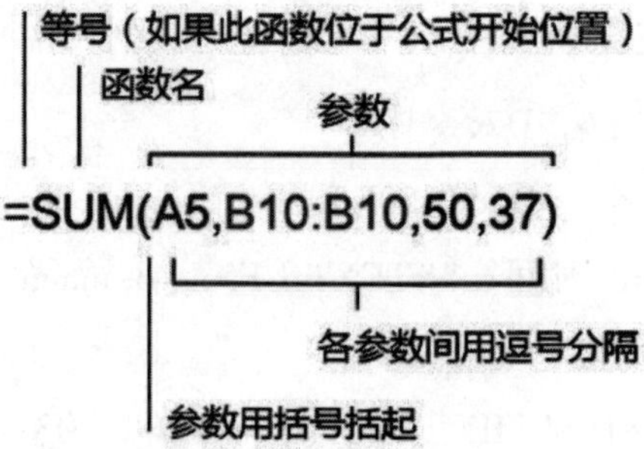

图 3–18　函数的结构

（四）嵌套函数

所谓嵌套函数，就是指在某些情况下，您可能需要将某函数作为另一函数的参数使用。也就是说一个函数可以是另一个函数的参数。

如图 3–19 中所示的公式使用了嵌套的 AVERAGE 函数，并将结果与 50 相比较。这个公式的含义是：如果单元格 F2 到F5 的平均值大于 50，则求 G2 到G5 的和，否则显示数值0。

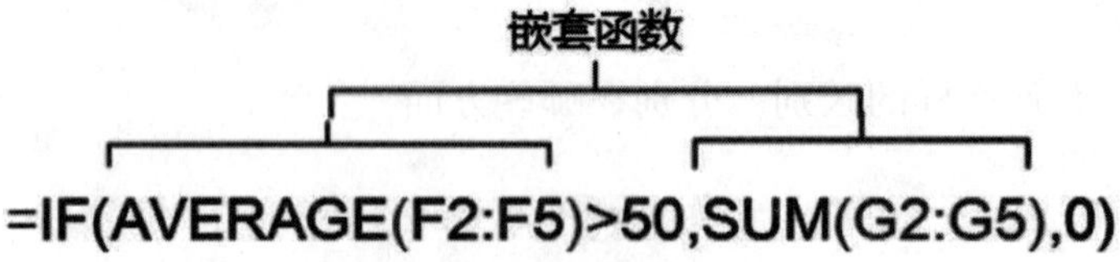

图 3–19　嵌套函数

四、函数的种类

（一）数学和三角函数

该类别下具体函数种类如表 3–6 所示。

表 3–6　　数学和三角函数

函数名	功能说明
ABS 工作表函数	返回参数的绝对值
COS 工作表函数	返回给定角度的余弦值
COUNTIF 工作表函数	计算给定区域内满足特定条件的单元格的数目

续表

函数名	功能说明
EXP 工作表函数	返回 e 的 n 次幂常数 e 等于 2.71828182845904，是自然对数的底数
INT 工作表函数	返回实数舍入后的整数值
LN 工作表函数	返回一个数的自然对数，自然对数以常数项 e（2.71828182845904）为底
LOG 工作表函数	按所指定的底数，返回一个数的对数
MOD 工作表函数	返回两数相除的余数结果的正负号与除数相同
PI 工作表函数	返回数字 3.141592653589793，即数学常数 pi，精确到小数点后 15 位
RAND 工作表函数	返回大于等于 0 小于 1 的均匀分布随机数
RANDBETWEEN 工作表函数	返回位于两个指定数之间的一个随机数
ROUND 工作表函数	返回某个数字按指定位数舍入后的数字
SIN 工作表函数	返回给定角度的正弦值
SQRT 工作表函数	返回正平方根
SUM 工作表函数	返回某一单元格区域中所有数字之和
TAN 工作表函数	返回给定角度的正切值
TRUNC 工作表函数	将数字的小数部分截去，返回整数

（二）逻辑函数

逻辑函数是用来判断真假值，或者进行复合检验的 Excel 函数。在 Excel 中提供了六种逻辑函数。即 AND、OR、NOT、FALSE、IF、TRUE 函数。

1.AND 函数

所有参数的逻辑值为真时返回 TRUE；只要一个参数的逻辑值为假即返回 FALSE。

语法：AND（logical1，logical2，...），其中 Logical1，logical2，... 表示待检测的 1 到 30 个条件值，参数必须是逻辑值，或者包含逻辑值的数组或引用。

例：=AND（B2>30，B2<60）、=AND（B1：B3）

2.OR 函数

OR 函数指在其参数组中，任何一个参数逻辑值为 TRUE，即返回 TRUE。它与 AND 函数的区别在于，AND 函数要求所有函数逻辑值均为真，结果方为真。而 OR 函数仅需其中任何一个为真即可为真。

3.NOT 函数

NOT 函数用于对参数值求反。当要确保一个值不等于某一特定值时，可以使用 NOT 函数。简言之，就是当参数值为 TRUE 时，NOT 函数返回的结果恰与之相反，结果为 FALSE。

4.TRUE、FALSE 函数

TRUE、FALSE 函数用来返回参数的逻辑值，由于可以直接在单元格或公式中键入值 TRUE 或者 FALSE。因此这两个函数通常可以不使用。

5.IF 函数

IF 函数用于执行真假值判断后，根据逻辑测试的真假值返回不同的结果，因此 If 函数也称为条件函数。

语法：IF（logical_test，value_if_true，value_if_false）。

例：=IF（SUM（C5：F5），SUM（C5：F5），""）、=IF（B11>60，"合格"，"不合格"）

（三）文本、日期与时间函数

1. 文本函数

（1）大小写转换。可以使用 LOWER、UPPER、PROPER 等函数将大小写字母进行转化。具体语法为：LOWER：将一个文字串中的所有大写字母转换为小写字母。

UPPER：将文本转换成大写形式。

PROPER：将文字串的首字母及任何非字母字符之后的首字母转换成大写。将其余的字母转换成小写。

示例：

Lower（pLease ComE Here!）= please come here!

upper（pLease ComE Here!）= PLEASE COME HERE! proper（pLease ComE Here!）= Please Come Here!

（2）取出字符串中的部分字符。可以使用 Mid、Left、Right 等函数从长字符串内获取一部分字符。具体语法为：

LEFT 函数：LEFT（text，num_chars）其中 Text 是包含要提取字符的文本串。Num_chars 指定要由 LEFT 所提取的字符数。

MID 函数：MID（text，start_num，num_chars）其中 Text 是包含要提取字符的文本串。Start_num 是文本中要提取的第一个字符的位置。

RIGHT 函数：RIGHT（text，num_chars）其中 Text 是包含要提取字符的文本串。Num_ chars 指定希望 RIGHT 提取的字符数。

示例：

LEFT（"This is an apple"，4）=This

RIGHT（"This is an apple"，5）=apple MID（"This is an apple"，6，2）=is

（3）去除字符串的空白。在字符串形态中，空白也是一个有效的字符，但是如果字符串中出现空白字符时，容易在判断或对比数据时发生错误。

在 Excel 中，可以使用 Trim 函数清除字符串中的空白。

语法：TRIM（text）。其中 Text 为需要清除其中空格的文本。比如：TRIM（"My name is Mary"）=My name is Mary

注意：Trim 函数不会清除单词之间的单个空格，如果连这部分空格都需清除的话，建议使用替换功能。

（4）字符串的比较。EXACT 函数测试两个字符串是否完全相同。如果它们完全相同，则返回 TRUE，否则，返回 FALSE。

函数 EXACT 能区分大小写，但忽略格式上的差异。

语法：EXACT（text1，text2）Text1 为待比较的第一个字符串。Text2 为待比较的第二个字符串。

例如：EXACT（"China"，"china"）=False

2. 文本函数集（如表 3–7 所示）

表 3–7　文本函数

函数名	函数说明	语法
ASC	将字符串中的全角（双字节）英文字母更改为半角（单字节）字符	ASC（text）
CHAR	返回对应于数字代码的字符，函数 CHAR 可将其他类型计算机文件中的代码转换为字符	CHAR（number）
EXACT	该函数测试两个字符串是否完全相同。如果它们完全相同，则返回 TRUE；否则，返回 FALSE。函数 EXACT 能区分大小写，但忽略格式上的差异。利用函数 EXACT 可以测试输入文档内的文字	EXACT（text1，text2）
FIND	FIND 用于查找其他文本串（within_text）内的文本串（find_text），并从 within_text 的首字符开始返回 find_text 的起始位置编号	FIND（find_text，within_ text，start_num）
LEN	按照给定的次数重复显示文本。可以通过函数 REPT 来不断地重复显示某一文字串，对单元格进行填充	REPT
TEXT	将一数值转换为按指定数字格式表示的文本	TEXT（value，format_text）

续表

函数名	函数说明	语法
TRIM	除了单词之间的单个空格外，清除文本中所有的空格。在从其他应用程序中获取带有不规则空格的文本时，可以使用函数 TRIM	TRIM（text）
UPPER	将文本转换成大写形式	UPPER（text）
VALUE	将代表数字的文字串转换成数字	VALUE（text）
RIGHT	RIGHT 根据所指定的字符数返回文本串中最后一个或多个字符	RIGHT（text，num_chars）
	RIGHTB 根据所指定的字符数返回文本串中最后一个或多个字符。此函数用于双字节字符	RIGHTB

3. 日期与时间

NOW、TODAY 函数主要用于取出当前系统时间 / 日期信息。语法形式均为函数名（）。如果需要单独的年份、月份、日数或小时的数据时，可以使用 YEAR、MONTH、DAY、HOUR 函数直接从日期 / 时间中取出需要的数据。示例：

设 E5 ＝ 2002-4-30 12：30 PM，如果要取 E5 的年份、月份、日数及小时数，可以分别采用相应函数实现。

YEAR（E5）=2003 MONTH（E5）=5

HOUR（E5）=12

该类别下具体函数种类如表 3-8 所示。

表 3-8　日期与时间相关函数

函数名	函数说明	语法
DATE	返回代表特定日期的系列数	DATE（year，month，day）
DAY	返回以系列数表示的某日期的天数，用整数 1 到 31 表示	DAY（serial_number）
HOUR	返回时间值的小时数。即一个介于 0（12：00A.M.）到 23（11：00P.M.）之间的整数	HOUR（serial_number）
MINUTE	返回时间值中的分钟。即一个介于 0 到 59 之间的整数	MINUTE（serial_number）
MONTH	返回以系列数表示的日期中的月份。月份是介于 1（一月）和 12（十二月）之间的整数	MONTH（serial_number）
NOW	返回当前日期和时间所对应的系列数	NOW（　）

续表

函数名	函数说明	语法
TIME	返回某一特定时间的小数值，函数TIME返回的小数值为从0到0.99999999之间的数值，代表从0：00：00（12：00：00A.M）到23：59：59（11：59：59P.M）之间的时间	TIME（hour，minute，second）
TODAY	返回当前日期的系列数，系列数是Microsoft Excel用于日期和时间计算的日期–时间代码	TODAY（　）
WEEKDAY	返回某日期为星期几。默认情况下，其值为1（星期天）到7（星期六）之间的整数	WEEKDAY（serial_number，return_type）
YEAR	返回某日期的年份。返回值为1900到9999之间的整数	YEAR（serial_number）
YEARFRAC	返回 start_date 和 end_date 之间的天数占全年天数的百分比	YEARFRAC（start_date，end_date，basis）

（四）查询和引用

1.COLUMN、ROW

COLUMN 用于返回给定引用的列标。语法：COLUMN（reference）。

reference 为需要得到其列标的单元格或单元格区域。如果省略 reference，则假定为是对函数 COLUMN 所在单元格的引用。如果 reference 为一个单元格区域，并且函数COLUMN 作为水平数组输入，则函数 COLUMN 将 reference 中的列标以水平数组的形式返回。但是 reference 不能引用多个区域。

ROW 用于返回给定引用的行号。语法：ROW（reference）。

reference 为需要得到其行号的单元格或单元格区域。 如果省略 reference，则假定是对函数 ROW 所在单元格的引用。如果 reference 为一个单元格区域，并且函数 ROW 作为垂直数组输入，则函数 ROW 将 reference 的行号以垂直数组的形式返回。但是 reference 不能对多个区域进行引用。

2.INDEX

INDEX 用于返回表格或区域中的数值或对数值的引用。

函数 INDEX（ ）有两种形式：数组和引用。数组形式通常返回数值或数值数组；引用形式通常返回引用。

语法：INDEX（array 或 reference，row_num，column_num，area_num）。

array 为单元格区域或数组常数。row_num 为数组中某行的行序号，函数从该行返回数值。column_num 为数组中某列的列序号，函数从该列返回数值。需注意的是

row_num 和 column_num 必须指向 array 中的某一单元格，否则，函数INDEX 返回错误值 #REF!。area_num 指定的区域（假如存在多个区域引用的话）。

示例：INDEX（{1，2；3，4}，2，2）等于4。

3.HLOOKUP、LOOKUP、MATCH、VLOOKUP

LOOKUP 函数可以返回向量（单行区域或单列区域）或数组中的数值。此系列函数用于在表格或数值数组的首行查找指定的数值，并由此返回表格或数组当前列中指定行处的数值。

当比较值位于数据表的首行，并且要查找下面给定行中的数据时，使用函数 HLOOKUP。当比较值位于要进行数据查找的左边一列时，使用函数 VLOOKUP。

如果需要找出匹配元素的位置而不是匹配元素本身，则应该使用函数 MATCH 而不是函数 LOOKUP。MATCH 函数用来返回在指定方式下与指定数值匹配的数组中元素的相应位置。从以上分析可知，查找函数的功能，一是按搜索条件，返回被搜索区域内数据的一个数据值；二是按搜索条件，返回被搜索区域内某一数据所在的位置值。

LOOKUP 用于返回向量（单行区域或单列区域）或数组中的数值函数 LOOKUP 有两种语法形式：向量和数组。

4. 向量形式

函数 LOOKUP 的向量形式是在单行区域或单列区域（向量）中查找数值，然后返回第二个单行区域或单列区域中相同位置的数值。

语法：LOOKUP（lookup_value，lookup_vector，result_vector）。

Lookup_value 为函数 LOOKUP 在第一个向量中所要查找的数值。可以为数字、文本、逻辑值或包含数值的名称或引用。Lookup_vector 为只包含一行或一列的区域。Lookup_ vector 的数值可以为文本、数字或逻辑值。

示例：= LOOKUP（"ddd"，A2：A8，B2：B8）等于 18，

= LOOKUP（"bbb"，A2：A8，B2：B8）等于 21

注意：Lookup_vector 的数值必须按升序排序：…、–2、–1、0、1、2、…、A–Z、FALSE、TRUE；否则，函数 LOOKUP 不能返回正确的结果。文本不区分大小写。Result_vector 只包含一行或一列的区域，其大小必须与 lookup_vector 相同。如果函数 LOOKUP 找不到 lookup_value，则查找 lookup_vector 中小于或等于lookup_ value 的最大数值。如果 lookup_value 小于 lookup_vector 中的最小值，函数 LOOKUP 返回错误值 #N/A。

5. 数组形式

函数 LOOKUP 的数组形式在数组的第一行或第一列查找指定的数值，然后返回数组的最后一行或最后一列中相同位置的数值。

语法：LOOKUP（lookup_value，array）

示例：= LOOKUP（"C"，{"a"，"b"，"c"，"d"；1，2，3，4}）等于 3

= LOOKUP（"bump"，{"a"，1；"b"，2；"c"，3}）等于 2

注意：这些数值必须按升序排列：...、-2、-1、0、1、2、...、A-Z、FALSE、TRUE；否则，函数 LOOKUP 不能返回正确的结果。通常情况下，最好使用函数 HLOOKUP 或函数 VLOOKUP 来替代函数 LOOKUP 的数组形式。函数 LOOKUP 的这种形式主要用于与其他电子表格兼容。

6.HLOOKUP 与 VLOOKUP 的比较

HLOOKUP 用于在表格或数值数组的首行查找指定的数值，并由此返回表格或数组当前列中指定行处的数值。

VLOOKUP 用于在表格或数值数组的首列查找指定的数值，并由此返回表格或数组当前行中指定列处的数值。

语法：HLOOKUP（lookup_value，table_array，row_index_num，range_lookup）VLOOKUP（lookup_value，table_array，col_index_num，range_lookup）

Lookup_value 表示要查找的值，它必须位于自定义查找区域的最左列，Lookup_value 可以为数值、引用或文字串。

Table_array 查找的区域，用于查找数据的区域，上面的查找值必须位于这个区域的最左列。可以使用对区域或区域名称的引用。

Row_index_num 为 table_array 中待返回的匹配值的行序号。Row_index_num 为 1 时，返回 table_array 第一行的数值，row_index_num 为 2 时，返回 table_array 第二行的数值，以此类推。Col_index_num 为相对列号。最左列为 1，其右边一列为 2，以此类推。Range_lookup 为一逻辑值，指明函数 HLOOKUP 查找时是精确匹配，还是近似匹配。示例：=HLOOKUP（"年龄"，A1：D8，5，TRUE）等于18=VLOOKUP（"ddd"，A1：D8，4，TRUE）等于 900。

（五）统计函数

Excel 的统计工作表函数用于对数据区域进行统计分析。例如，统计工作表函数可以用来统计样本的方差、数据区间的频率分布等。统计工作表函数中提供了很多属于统计学范畴的函数，但也有些函数其实在你我的日常生活中是很常用的，比如求班

级平均成绩，排名等。以下主要介绍一些常见的统计函数：（如表3–9所示）

1.AVERAGE

AVERAGE 函数用于求参数的算术平均值。语法：AVERAGE（number1，number2，...）。其中 number1，number2，... 为计算平均值的 1 ~ 30 个参数。这些参数可以是数字，或者是涉及数字的名称、数组或引用。如果数组或单元格引用参数中有文字、逻辑值或空单元格，则忽略其值。但是，如果单元格包含零值则计算在内。

2.COUNT 函数

COUNT 函数用于统计单元格个数。语法：COUNT（value1，value2，...）。其中 Value1，value2，... 为包含或引用各种类型数据的参数（1 ~ 30 个），但只有数字类型的数据才被计数。

函数 COUNT 在计数时，将把数字、空值、逻辑值、日期或以文字代表的数计算进去；但是错误值或其他无法转化成数字的文字则被忽略。 如果参数是一个数组或引用，那么只统计数组或引用中的数字；数组中或引用的空单元格、逻辑值、文字或错误值都将忽略。如果要统计逻辑值、文字或错误值，应当使用函数 COUNTA。

示例：=COUNT（D2：D8）等于 7。

3. 求数据集的最大值 MAX 与最小值 MIN

这两个函数 MAX、MIN 就是用来求解数据集的极值（即最大值、最小值）。函数的用法非常简单。

语法：函数（number1，number2，...）

其中number1，number2，... 为需要找出最大数值的 1 ~ 30 个数值。如果参数是一个数组或引用，那么只统计数组或引用中的数字；数组中或引用中的空白单元格、逻辑值或文本都将被忽略。因此如果逻辑值和文本不能忽略，请使用带 A 的函数 MAXA 或者 MINA 来代替。

表 3–9　　统计函数

函数名	函数说明	语法
AVERAGE	返回参数算术平均值	AVERAGE(number1,number2, ...)
COUNT	返回参数的个数。利用函数 COUNT 可以计算数组或单元格区域中数字项的个数	COUNT(value1,value2, ...)
MAX	返回数据集中的最大数值	MAX(number1,number2,...)
MIN	返回给定参数表中的最小值	MIN(number1,number2, ...)

续表

函数名	函数说明	语法
RANK	返回一个数值在一组数值中的排位。数值的排位是与数据清单中其他数值的相对大小（如果数据清单已经排过序了，则数值的排位就是它当前的位置）	RANK(number,ref,order)

练习题

一、填空题

1. 在 Excel 2013 中求出相应数字绝对值的函数是（　　　　）。

2. 求所有参数平均值的函数是（　　　　）。

3. 求最大值的函数是（　　　　）。

4. 计算符合指定条件的单元格区域内的数值和的函数是（　　　　）。

5. 统计某个单元格区域中符合指定条件的单元格数目的函数是（　　　　）。

6. 写出函数的含义，SUM（　　　　），AVERAGE（　　　　），MAX（　　　　），MIN（　　　　）。

7. 已知 D2 单元格的内容为 =B2*C2，当 D2 单元格被复制到 E3 单元格时，E3 单元格的内容为（　　　　）。

二、单项选择题

1. 设 A1 单元中有公式 =SUM（B2：D5），在 C3 单元插入一列后再删除一行，则 A1 单元的公式变成（　）。

A.=SUM（B2：E4）　　B.=SUM（B2：E5）

C.=SUM（B2：D3）　　D.=SUM（B2：E3）

2. 某公式中引用了一组单元格，它们是（C 3：D 6，A 2，F 2），该公式引用的单元格总数为（　）。

A.6　　B.8

C.10　　D.14

3. 如果 A1：A5 包含数字 10、7、9、27 和 2，则（　）。

A.SUM（A1：A5）等于 10　　B.SUM（A1：A3）等于 26

C.AVERAGE（A1&A5）等于 11　　D.AVERAGE（A1：A3）等于 7

4. Excel 工作表 G8 单元格的值为 7654.375，执行某些操作之后，在 G8 单元格中显示一串“#”符号，说明 G8 单元格的（　）。

A. 公式有错，无法计算　　　　　　　B. 数据已经因操作失误而丢失

C. 显示宽度不够，只要调整宽度即可　D. 格式与类型不匹配，无法显示

5. 在 Excel 中，运算符“&”表示（　　）。

A. 逻辑值的与运算　　　　　　　　B. 子字符串的比较运算

C. 数值型数据的相加　　　　　　　D. 字符型数据的连接

6. 某区域由 A1，A2，A3，B1，B2，B3 六个单元格组成。下列不能表示该区域的是（　　）。

A.A1：B3　　　　　　　　　　　　B.A3：B1

C.B3：A1　　　　　　　　　　　　D.A1：B1

7. 在 Excel 工作表中，正确的 Excel 公式形式为（　　）。

A. =B3*Sheet3：A2　　　　　　　　B. =B3*Sheet3；A2

C. =B3*Sheet3&A2　　　　　　　　D. =B3*Sheet3!A2

8. 在 Excel 2013 中，使用自动求和按钮对 D5 至 D8 单元格求和，并将结果填写在D10 单元格的正确步骤是（　　）。

A. 单击自动求和按钮　　　　　　　B. 选择求和区域 D5：D8

C. 选择单元格 D10　　　　　　　　D. 按回车键

9. 在 Excel 2013 中，创建公式的操作步骤是（　　）。

A. 在编辑栏输入等号　　　　　　　B. 按回车键

C. 选择需要输入公式的单元格　　　D. 输入公式具体内容

三、多项选择题

1. 在 Excel 2013 中，工作表“销售额”中的 B2：H308 中包含所有的销售数据，在工作表“汇总”中需要计算机销售总额，可采用的方法有（　　）。

A. 在工作表“汇总”中，输入“= 销售额！（B2：H308）”

B. 在工作表“汇总”中，输入“=SUM 销售额！（B2：H308）”

C. 在工作表“销售额”中，选中 B2：H308 区域，并在名称框输入“sales ”在工作表“汇总”中，输入“=sales ”

D. 在工作表“销售额”中，选中 B2：H308 区域，并在名称框输入“sales ”在工作表“汇总”中，输入“=SUM（sales）”

2. 在 Excel 2013 中，若要指定的单元格或区域定义名称，可采用的操作有（　　）。

A. 执行“公式”选项卡下的“定义名称”命令

B. 执行“公式”选项卡下的“名称管理器”命令

C. 执行“公式”选项卡下的“根据所选内容创建”命令

D. 只有 A 和 C 正确

3. 在 Excel 单元格中输入数值 3000，与它相等的表达式是（　　）。

A.300000%　　　　　　　　B.=3000/1

C.30E+2　　　　　　　　　D.=average（Sum（3000，3000））

4. 下列关于 Excel 的公式，说法正确的有（　　）。

A. 公式中可以使用文本运算符　　　　B. 引用运算符只有冒号和逗号

C. 函数中不可使用引用运算符　　　　D. 所有用于计算的表达式都要以等号开头

实训操作

根据数据素材制作表格，利用公式统计表中学生 8 月兼职收入总金额。数据素材如下：

标题：一年级 A 班学生 8 月兼职收入统计表

统计要素：姓名、性别、年龄、8 月兼职收入。

小飞（男,16 岁,1500 元）；小羽（男,17 岁,1000 元）；小香（女,16 岁,1200 元）；小超（男，16 岁，800 元）；小卓（男，17 岁，1300 元）；小化（男，17 岁，500 元）；小英（女，16 岁，1400 元）。

任务三　分析处理数据

正确使用 Excel 2013 提供的排序、筛选和汇总等处理数据方法，能够让用户从容管理庞杂的数据，从而提高工作效率。

想一想

在什么场景下，才会需要用到数据分析？数据分析有哪些好处？

一、数据的排序

在实际软件应用中，为了提高表格数据查找效率，需要重新整理数据，对此最有效的方法就是对现有数据进行排序。排序常用命令如图 3–20 所示。

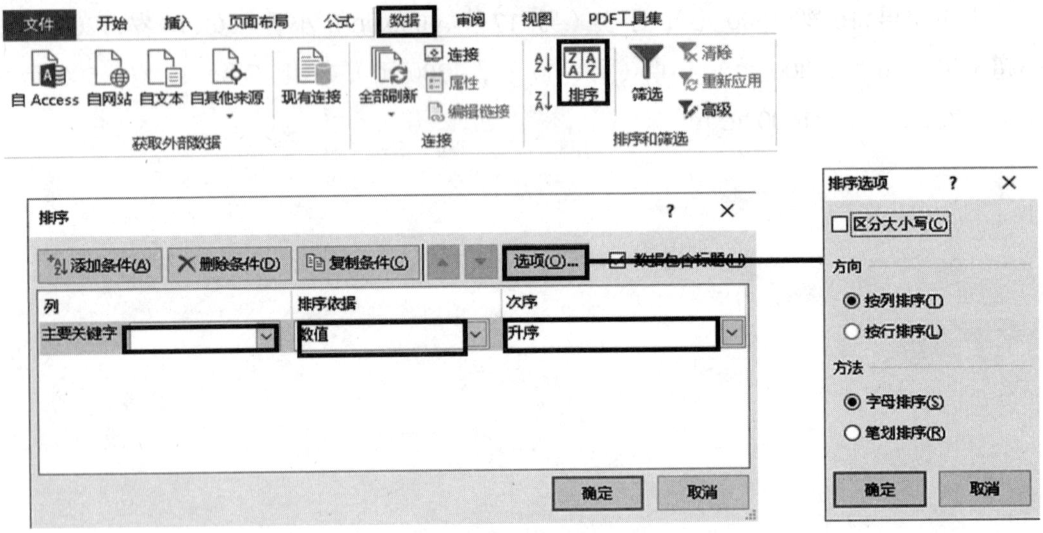

图 3–20　数据排序

（一）常用排序

Excel 2013 的排序是指数据行依照某种属性的递增或递减规律重新排列，该属性称为关键字，递增或递减规律称为升序或降序。

1. 简单排序

下面将以排序一张“商品销售情况表”的操作来说明 Excel 2013 的简单排序操作：

步骤一：在 Excel 2013 中建立“商品销售情况表”表格，设置商品名、类别、单价、售出数量、售出金额五个信息板块，如图 3–21 所示。

	A	B	C	D	E
1	商品名	类别	单价	售出数量	售出金额
2	薯片	食品	8	200.00	1600
3	牙刷	用品	15	100.00	1500
4	面包	食品	6	40.00	240
5	方便面	食品	2.5	500.00	1250
6	肥皂	用品	3	200.00	600
7	牛奶	食品	3	100.00	300
8	杯子	用品	5	30.00	150

图 3–21　简单排序

步骤二：在“商品销售情况表”工作表中计算“售出金额”。

步骤三：选择关键字为“售出金额”，按照商品销售金额递减（降序）规律排列数据行，如图 3–22 所示。点击确定即可。

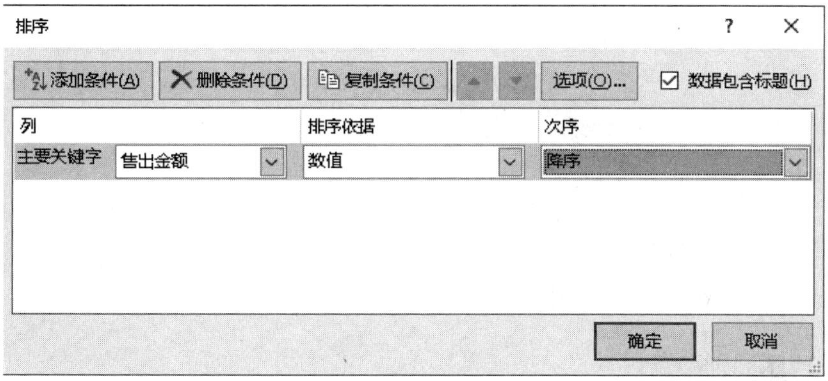

图 3–22　简单排序

2. 多关键字复杂排序

多关键字复杂排序操作步骤与简单排序类似，只是增加了表格的排序依据。具体操作步骤可以继承简单排序的前两个操作步骤。

在主要关键字中选择“类别”“降序”。点击“添加条件”，在次要关键字中选择“售出金额”“升序”（如图 3–23 所示）。点击确定即可。排序结果如图 3–24 所示。

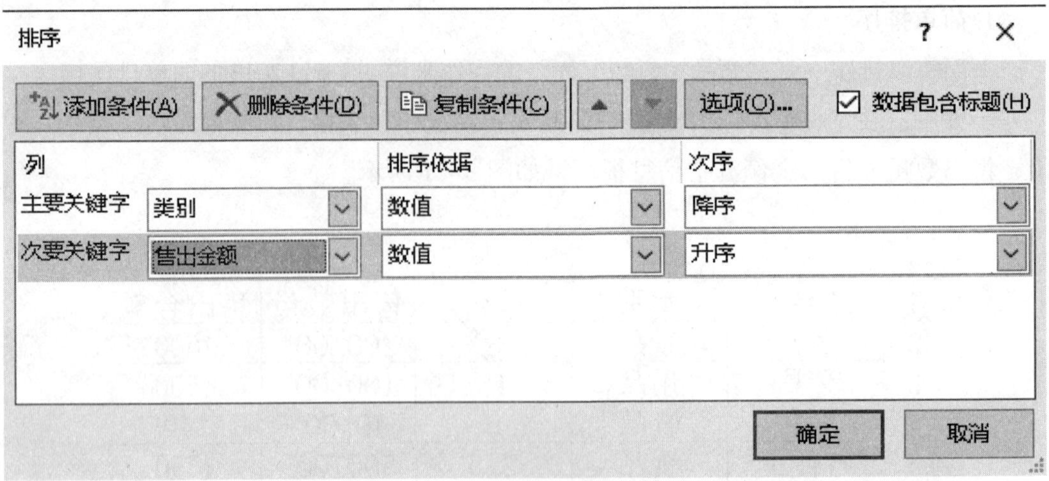

图 3-23　多关键字复杂排序

	A	B	C	D	E
1	商品名	类别	单价	售出数量	售出金额
2	杯子	用品	5	30.00	150
3	肥皂	用品	3	200.00	600
4	牙刷	用品	15	100.00	1500
5	面包	食品	6	40.00	240
6	牛奶	食品	3	100.00	300
7	方便面	食品	2.5	500.00	1250
8	薯片	食品	8	200.00	1600

图 3-24　多关键字复杂排序

做中学

对市场上一周的几种常见蔬菜按照“单价”和“售出数量”进行排序，分析哪些商品最好卖，并规划出下次进货安排。

（二）排序规则与条件

1. 排序规则

排序分为升序和降序。表 3-10 列出了 Excel 2013 排序规则。

表 3-10　Excel 2013 排序规则

对象	效果
数字	数字按从最小的负数到最大的正数进行排序

续表

对象	效果
日期	日期按从最早的日期到最晚的日期进行排序
文本	字母、数字、文本按从左到右的顺序逐字符进行排序，例如，如果单元格中含有文本“A100”：Excle 会将这个单元格放在含有“A1”的单元格的后面、含有“A11”的单元格的前面。文本以及包含存储为文本的数字的文本按以下次序排序： 0123456789 (空格) !"#$%&()*，1:;?@［V］^−~({I}~+<=>ABCDEFGHIJKLMNOPQRSTUVWXYZ 撇号 ( ) 和连字符 (–) 会被忽略。但例外情况是：如果两个文本字符串除了连字符不同外其余都相同，则带连字符的文本排在后面如果已通过“排序选项”对话框将默认的排序次序更改为区分大小写，则字母字符的排序次序为：aAbBcCdDeEfFgGhHiIjJkKlLm MnNoOpPqQrRsStTuUvVwWxXy YzZ
逻辑	在逻辑值中，FALSE 排在 TRUE 之前
错误	所有错误值 (如 #NUM! 和 #REF!) 的优先级相同
空白单元格	无论是按升序还是按降序排序，空白单元格总是放在最后 (空白单元格是空单元格，它不同于包含一个或多个空格字符的单元格)

2. 排序条件

单关键字排序，就是利用一个“主要关键字”进行排序。如果需要排序的条件不止一个，则使用“次要关键字”排序。单击“添加条件”按钮，可以选择次要关键字。例如，当主要关键字“余额”相同时，如果要继续排序，则可按次要关键字。如“性别”排序；而当主次要关键字都相同时，若仍要排序，则可按第三关键字，如“伙食费”排序（排序时，各关键字在“排序”对话框的“关键字”下拉列表框中选择）。在“排序”对话框中，“数据包含标题”复选项表示表格中的标题行是否参加排序。如果参加排序的不是表格中的全部数据，则需在排序前先选定参加排序的数据范围。

二、筛选与汇总

（一）数据筛选

“筛选”是一种快速的数据筛选方法，用户可以通过它快速地访问大量数据，并从中选出满足条件的记录并显示出来。

1. 自动筛选

具体操作步骤如下：

步骤一：点击“数据”菜单栏下的“筛选”按钮，用户自建的“商品名”“类别”“单价”等信息栏目右下角会出现倒三角下拉标识，如图 3–25 所示。

图 3–25　自动筛选

步骤二：打开“类别”下拉标识，在“全选”“食品”“用品”选框中只保留“食品”，点击“确定”按钮，结果如图 3–26 所示。

	A	B	C	D	E
1	商品名	类别	单价	售出数量	售出金额
5	面包	食品	6	40.00	240
6	牛奶	食品	3	100.00	300
7	方便面	食品	2.5	500.00	1250
8	薯片	食品	8	200.00	1600
9					

图 3–26　自动筛选

2. 自定义筛选

如果通过一个筛选条件无法获得筛选所需要的筛选结果时，用户可以使用 Excel 2013 的自定义筛选功能。自定义筛选可以设定多个筛选条件，在筛选过程中具有很大的灵活性。

具体示范操作步骤如下：

步骤一：打开“单价”筛选下拉菜单，在“数字筛选”分项中，选择自定义筛选，如图 3–27 所示。

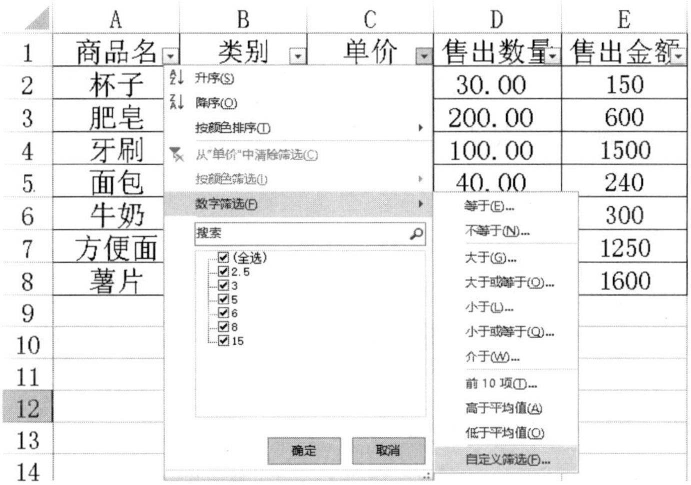

图 3-27 自定义筛选

步骤二：在“自定义筛选方式”窗口内设置“大于”“3”；“小于”“10”，（如图3-28所示），单击“确定”，结果如图3-29所示。

图 3-28

	A	B	C	D	E
1	商品名	类别	单价	售出数量	售出金额
2	杯子	用品	5	30.00	150
5	面包	食品	6	40.00	240
8	薯片	食品	8	200.00	1600
9					

图 3-29

议一议

自动筛选和自定义筛选有什么不同，都适用于什么样的场景，哪种筛选方式更好？

（二）分类汇总

Excel 2013 中的分类汇总功能对数据量较大的表格按照一定的条件对数据进行汇总，能够增加表格的可读性，提供结果进行分析。在分类汇总前要确保每列的第一行都具有标题，每一列数据含义相同，并且该区域不包含任何空白行或空白列。Excel 2013 的汇总分为简单分类汇总和嵌套（多级）分类汇总，分类汇总之前需要对分类字段进行排序。

1. 简单分类汇总

继续使用“商品销售情况表”工作簿，按食品、用品进行分类汇总，具体操作步骤如下：

步骤一：单击“类别”，按分类排序。

步骤二：单击“分类汇总”按钮，在“分类汇总”对话框中，“分类字段”选择“类别”，“汇总方式”选择“求和”，勾选“售出金额”“每组数据分页”（如图 3-30 所示）。获得汇总结果如图 3-31 所示。

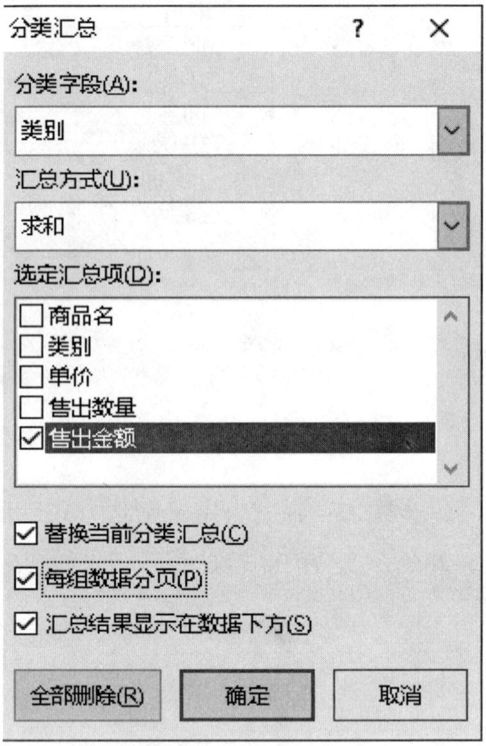

图 3-30　简单分类汇总

	A	B	C	D	E
1	商品名	类别	单价	售出数量	售出金额
2	杯子	用品	5	30.00	150
3	肥皂	用品	3	200.00	600
4	牙刷	用品	15	100.00	1500
5		用品 汇总			2250
6	面包	食品	6	40.00	240
7	牛奶	食品	3	100.00	300
8	方便面	食品	2.5	500.00	1250
9	薯片	食品	8	200.00	1600
10		食品 汇总			3390
11		总计			5640

图 3-31　简单分类汇总结果

2. 嵌套（多级）分类汇总

嵌套（多级）分类汇总先对已经建立了分类汇总的工作表某项指标汇总，再按另一个字段对汇总后的数据进一步细化，即汇总操作。嵌套分类汇总中每级使用的关键字不相同。具体嵌套（多级）分类汇总操作如下。

步骤一：计算“商品销售情况表”工作簿食品、用品“售出金额”的平均值，结果放在“总分”项下，注意取消勾选“替换当前分类汇总”，如图 3–32、图 3–33 所示。

步骤二：在图 3–34 所示汇总的工作表基础上，计算“售出数量”“售出金额”项的最小值，取消勾选“每组数据分页”（如图 3–34 所示），操作结果如图 3–35 所示。

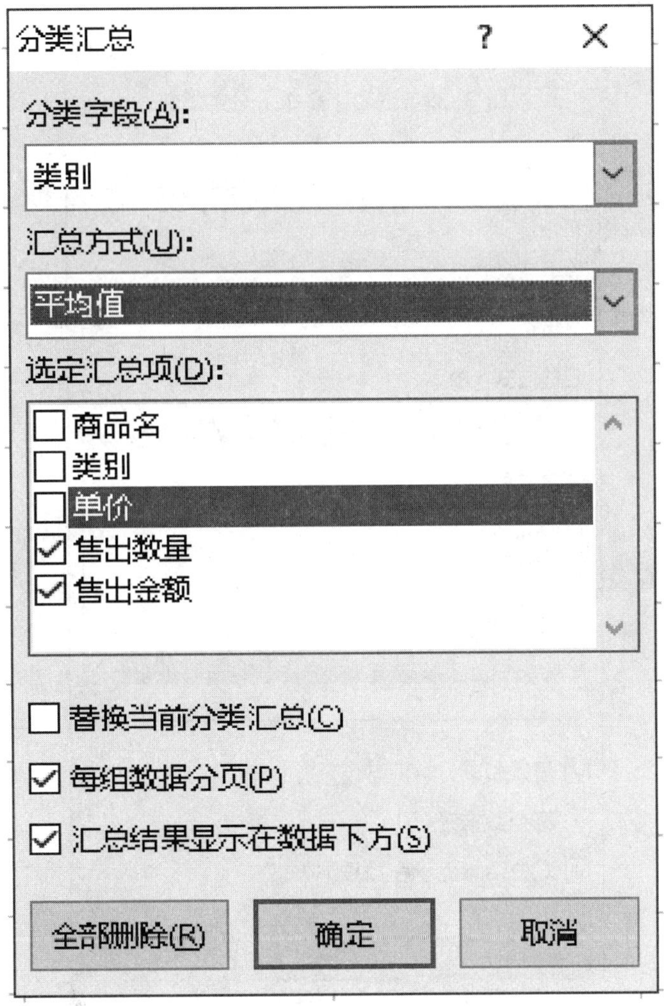

图 3–32 取消勾选“替换当前分类汇总”

	A	B	C	D	E
1	商品名	类别	单价	售出数量	售出金额
2	杯子	用品	5	30.00	150
3	肥皂	用品	3	200.00	600
4	牙刷	用品	15	100.00	1500
5		**用品 平均值**		110.00	750
6	面包	食品	6	40.00	240
7	牛奶	食品	3	100.00	300
8	方便面	食品	2.5	500.00	1250
9	薯片	食品	8	200.00	1600
10		**食品 平均值**		210.00	847.5
11		**总计平均值**		167.14	805.71429

图 3-33 嵌套（多级）分类汇总

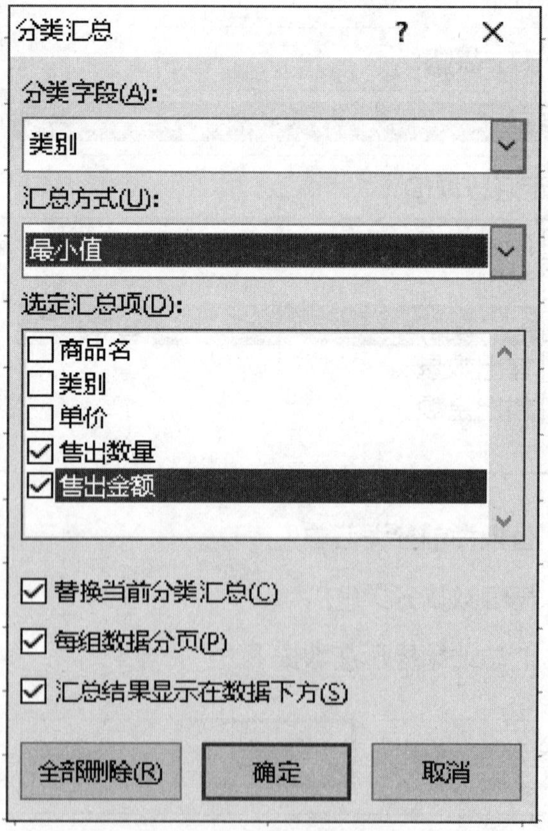

图 3-34 取消勾选“每组数据分页”

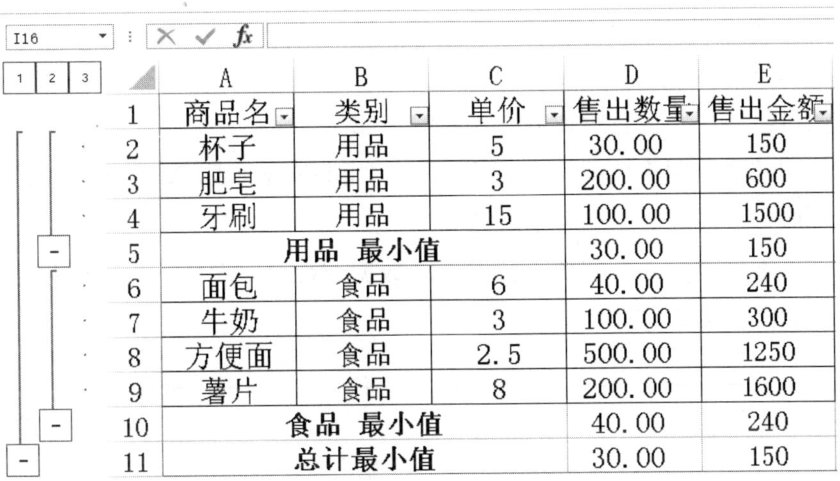

	A	B	C	D	E
1	商品名	类别	单价	售出数量	售出金额
2	杯子	用品	5	30.00	150
3	肥皂	用品	3	200.00	600
4	牙刷	用品	15	100.00	1500
5	**用品 最小值**			30.00	150
6	面包	食品	6	40.00	240
7	牛奶	食品	3	100.00	300
8	方便面	食品	2.5	500.00	1250
9	薯片	食品	8	200.00	1600
10	**食品 最小值**			40.00	240
11	**总计最小值**			30.00	150

图 3–35　操作结果

三、数据透视表

数据透视表是一种让用户可以根据不同的分类、不同的汇总方式，快速查看各种形式的数据汇总报表。简单来说，就是快速分类汇总数据，在处理数据方面非常强大。

注意：

以工作表数据制作数据透视表，这些工作表数据必须是一个数据清单。所谓数据清单，就是在工作表数据区域的顶端行为字段名称（标题），以后各行为数据（记录），并且各列只包含一种类型数据的数据区域。这种结构的数据区域就相当于一个保存在工作表的数据库。

第一，数据区域的顶端行为字段名称（标题）。

第二，避免在数据清单中存在有空行和空列。这里需指明以下，所谓空行，是指在某行的各列中没有任何数据，如果某行的某些列没有数据，但其他列有数据，那么该行就不是空行。同样，空列也是如此。

第三，各列只包含一种类型数据。

第四，避免在数据清单中出现合并单元格。

第五，避免在单元格的开始和末尾输入空格。

第六，尽量避免在一张工作表中建立多个数据清单，每张工作表最好仅使用一个数据清单。

第七，工作表的数据清单应与其他数据之间至少留出一个空列和一个空行，以便于检测和选定数据清单。

下面通过具体实例，介绍数据透视表的功能。

继续使用“商品销售情况表”表格。在使用数据透视表前，需要按照注意事项中的七点进行检查，其中重点检查第二点和第三点。

步骤一：选择“插入”菜单栏，点击“数据透视表”图标，选择引用数据区域和放置位置，如图3-36所示。

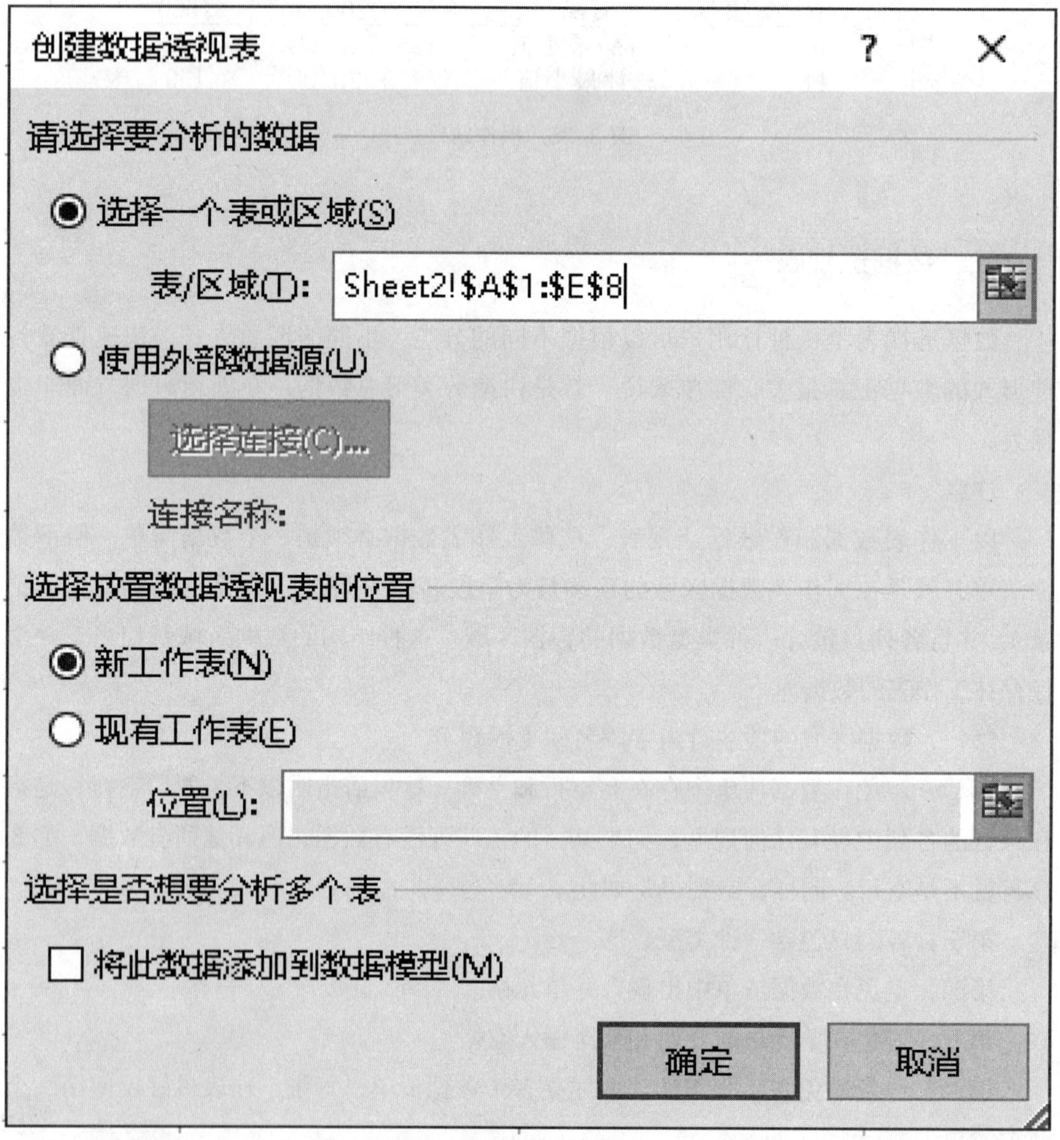

图3-36　数据透视表

步骤二：点击确认后，Excel 2013 会新建一个 sheet1，如图 3–37 所示。对数据透视表字段列表进行选择。

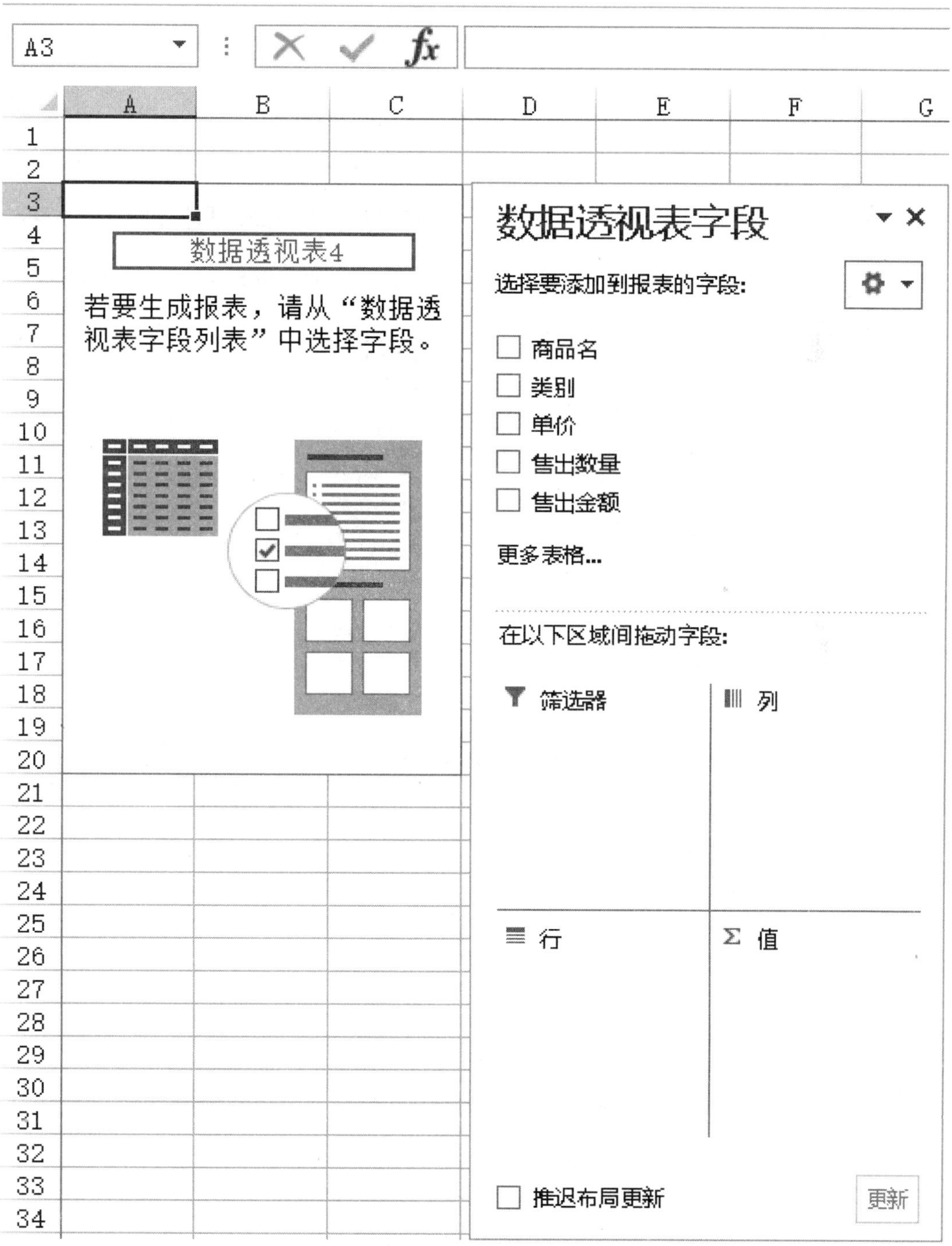

图 3–37　数据透视表

步骤三：左键点击字段列表中“商品名”这一项，拖曳到下面“行标签”框内，在数据透视表显示区域内出现如图3-38所示内容。

图 3-38 数据透视表

步骤四：依次将“类别”拖到“列标签”框内，“售出数量”拖到“数值”框内，结果如图 3–39 所示。

图 3–39　数据透视表

步骤五：通过调整各个框中的字段，可以得到不同的结果。

步骤六：在数值框中，可以进行选择计算，如图 3–40 所示。

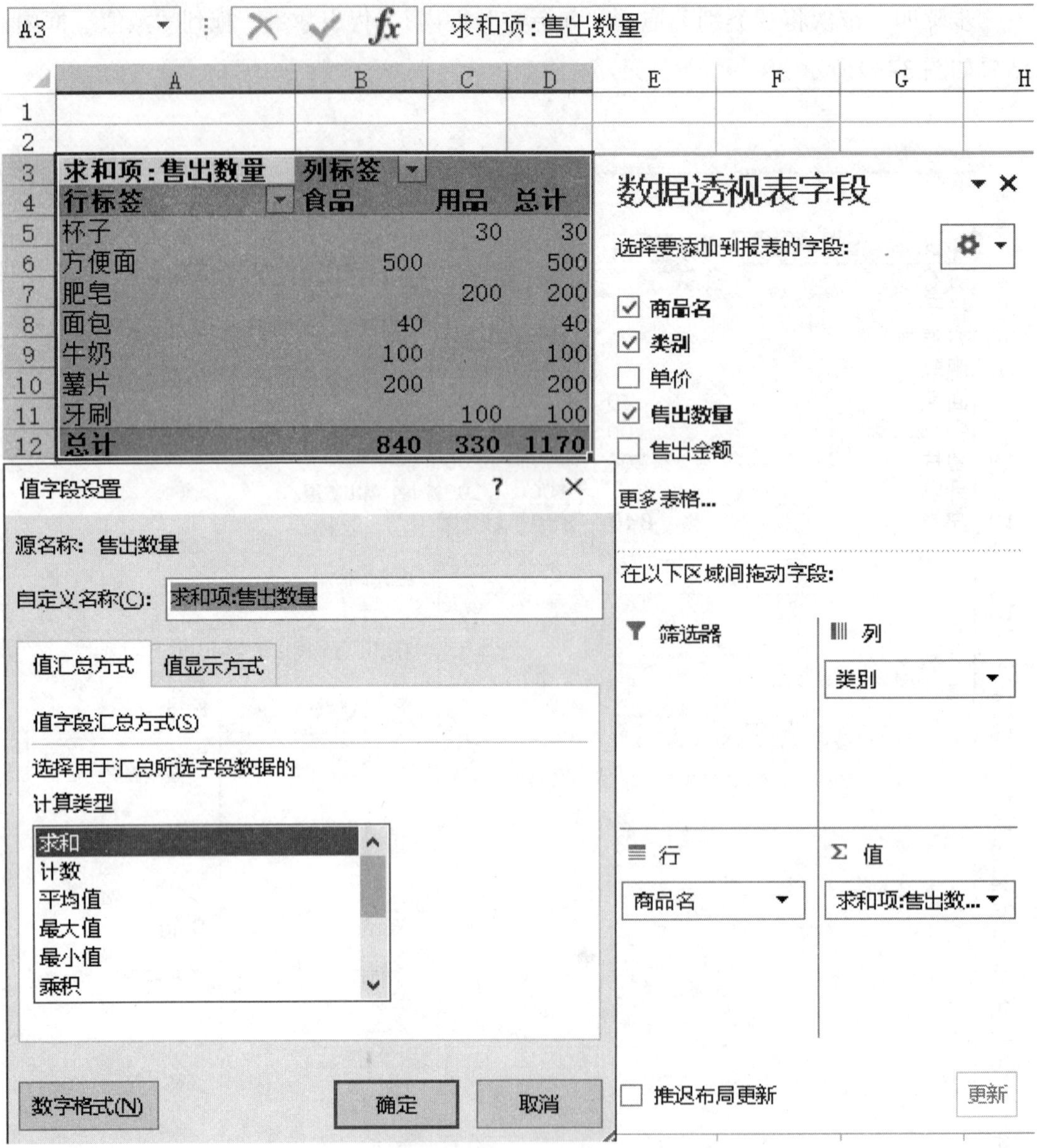

图 3-40 数据透视表

补充知识

数据透视表做分类汇总可以自行调整行列标签；可以以表格形式布局报表，自行设置数据透视表样式，结果层析清晰、整洁美观；原数据区数据改变，数据透视表可以及时更新。

注意：每次在新建数据透视表或数据透视图时，Excel 均将报表数据的副本存储在内存中，并将其保存为工作簿文件的一部分。这样每张新的报表均需要额外的内存和磁盘空间。但是，如果将现有数据透视表作为同一个工作簿中的新报表的源数据，则两张报表就可以共享同一个数据副本。因为可以重新使用存储区，所以就会缩小工作簿文件，减少内存中的数据。

练习题

一、判断题

1.创建数据透视表时默认情况下是创建在新工作表中。(　　)

2.在进行分类汇总时一定要先排序。(　　)

3.分类汇总进行删除后，可将数据撤消到原始状态。(　　)

4.Excel 允许用户根据自己的习惯自己定义排序的次序。(　　)

5.Excel 中不可以对数据进行排序。(　　)

二、单项选择题

1.下列关于排序操作的叙述中正确的是（　　）。

A.排序时只能对数值型字段进行排序，对于字符型的字段不能进行排序

B.排序可以选择字段值的升序或降序两个方向分别进行

C.用于排序的字段称为“关键字”，在 Excel 中只能有一个关键字段

D.一旦排序后就不能恢复原来的记录排列

2.在“自定义自动筛选方式”对话框中，可以用（　　）单选框指定多个条件的筛选。

A.！　　　　B.与

C.＋　　　　D.非

3.下列序列中，不能直接利用自动填充快速输入的是（　　）。

A.星期一、星期二、星期三……

B.第一类、第二类、第三类……

C.甲、乙、丙……

D.Mon、Tue、Wed……

三、多项选择题

1.要在学生成绩表中筛选出语文成绩在 85 分以上的同学，可通过（　　）。

A. 自动筛选　　　　B. 自定义筛选

C. 高级筛选　　　　D. 条件格式

2. 有关 Excel 排序正确的是（　）。

A. 可按日期排序　　B. 可按行排序

C. 最多可设置 64 个排序条件　　D. 可按笔画数排序

3. 在 Excel 2013 中，若要对工作表的首行进行冻结，下列操作正确的有（　）。

A. 光标置于工作表的任意单元格，执行“视图”选项卡下“窗口”功能区中的“冻结窗格”命令，然后单击其中的“冻结首行”子命令

B. 将光标置于 A2 单元格，执行“视图”选项卡下“窗口”功能区中的“冻结窗格”命令，然后单击其中的“冻结拆分窗格”子命令

C. 将光标置于 B1 单元格，执行“视图”选项卡下“窗口”功能区中的“冻结窗格”命令，然后单击其中的“冻结拆分窗格”子命令

D. 将光标置于 A1 单元格，执行“视图”选项卡下“窗口”功能区中的“冻结窗格”命令，然后单击其中的“冻结拆分窗格”子命令

4. 下列关于 Excel 2013 的“排序”功能，说法正确的有（　）。

A. 可以按行排序　　B. 可以按列排序

C. 最多允许有三个排序关键字　　D. 可以自定义序列排序

实训操作

根据数据素材制作表格，按指定数据项（性别、年龄、8 月兼职收入）排序、进行分类汇总和数据透视表制作。数据素材如下：

标题：一年级 A 班学生 8 月兼职收入统计表

统计要素：姓名、性别、年龄、8 月兼职收入。

小飞（男，16 岁，1500 元）；小关（男，17 岁，1000 元）；

小香（女，16 岁，1200 元）；小马（男，16 岁，800 元）；

小卓（男，17 岁，1300 元）；小化（男，17 岁，500 元）；

小英（女，16 岁，1400 元）。

任务四　插入 Excel 2013 的数据图表

一般来说，使用图表来表示工作表中的数据比较清楚明白，如果要比较工作表中的数据与数据之间的差别的话就更加一目了然。图表以工作表的数据为基础，数据的变化，会同时反映到图表中。图表建立后，还可以对其进行修饰，使其更美观。

一、创建图表

在 Excel 2013 中，我们可以通过使用“插入”菜单栏下的图标功能区来建立图表，而建立的图表可以放在使用的数据所在的工作表，也可以放在一个新的工作表中。建立图表的步骤如下：

步骤一：选中用于建立图表的数据，如图 3–41 所示。

	A	B	C	D	E
1	商品名	类别	单价	售出数量	售出金额
2	牙刷	用品	15	100	1500
3	肥皂	用品	3	200	600
4	杯子	用品	5	30	150
5	薯片	食品	8	200	1600
6	面包	食品	6	40	24
7	方便面	食品	2.5	500	1250
8	牛奶	食品	3	100	300

图 3–41　创建图表

步骤二：单击“插入”菜单下的“图表”下拉菜单。

步骤三：出现“插入图表”的对话框，如图 3–42 所示。选中图表模板类型和子图表类型，然后单击“下一步”按钮，就会出现如图 3–43 所示的图表结果。

想一想

与传统的表格相比，图表会带来哪些不一样的感觉？

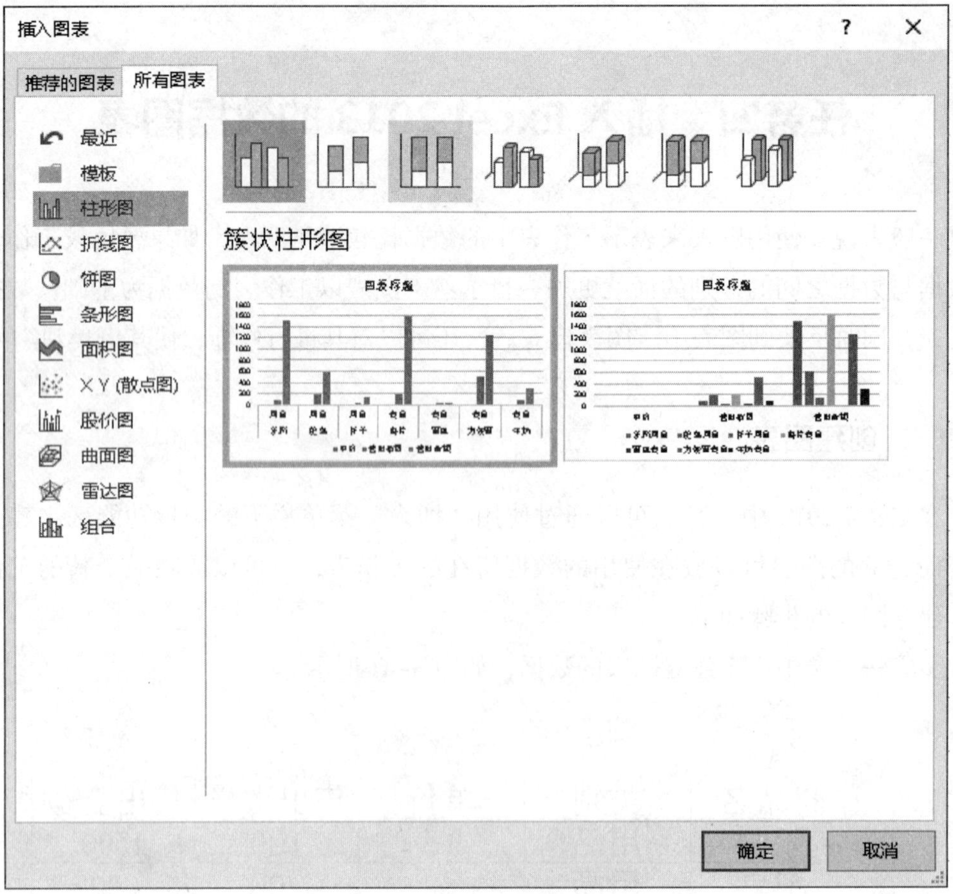

图 3–42　创建图表

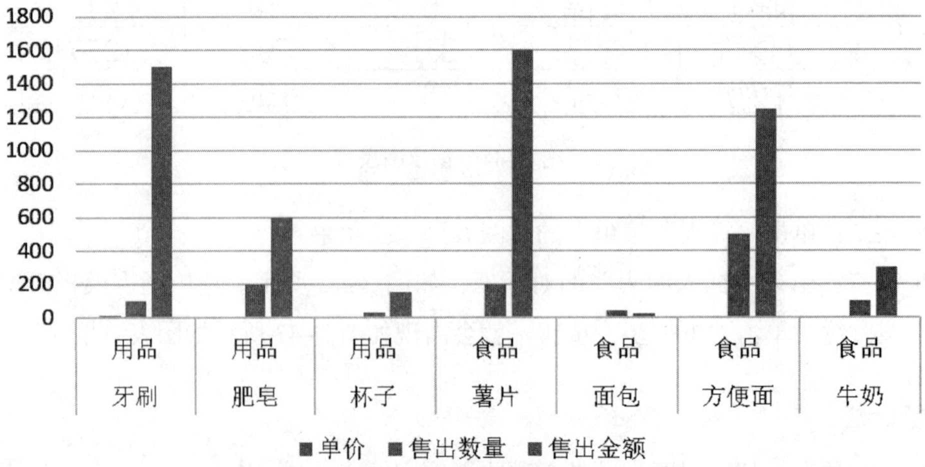

图 3–43　创建图表

二、编辑图表

图表生成后菜单栏会出现“图表工具”和相应功能区域，功能区内按钮可以对其进行编辑，如制作图表颜色、图表布局、表格位置等。下面我们通过三个示意图来了解该功能区内按钮的具体功能。

（一）设计菜单栏

设计菜单栏如图 3–44 所示。

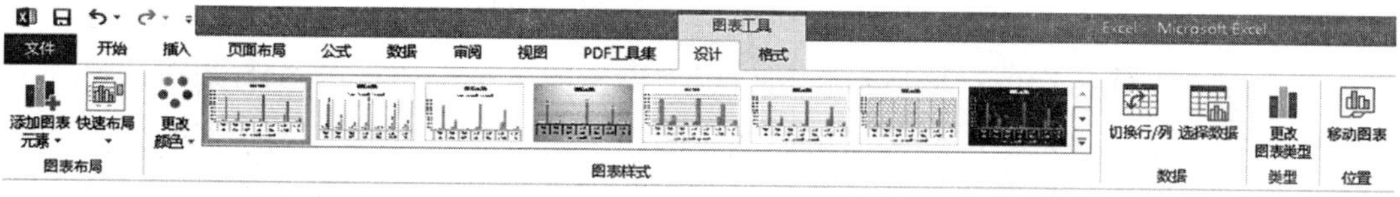

图 3–44　设计菜单栏

（1）图表数据工作区：该区域按钮可以用来调整纵横坐标的关系。

（2）图表布局工作区：该区域按钮可以用来调整图表与文字间的位置关系。

（3）图表样式工作区：该区域按钮可以用来调整图表的配色关系。

（4）图表位置工作区：该区域按钮可以用来调整表格位置。

（5）图表类型工作区：该区域按钮可以用来重新修改图表类型，将现有图表类型调整为柱状图，如图3–45所示。

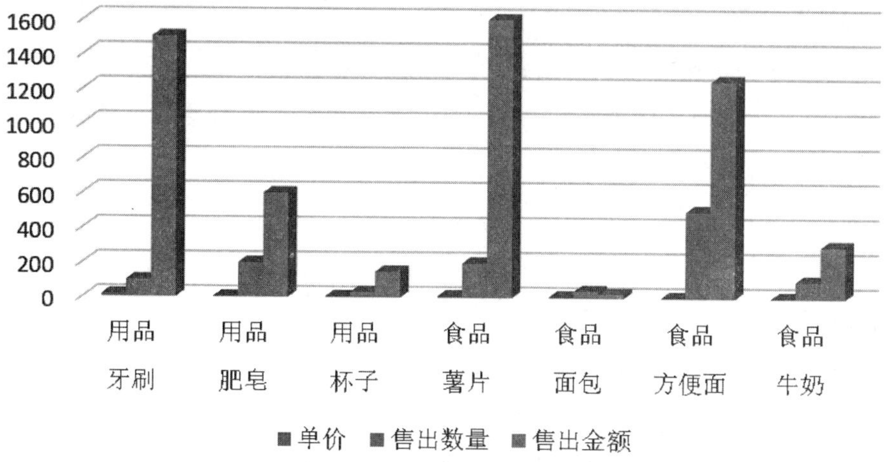

图 3–45　柱状图

（二）格式菜单栏

格式菜单栏如图 3–46 所示。

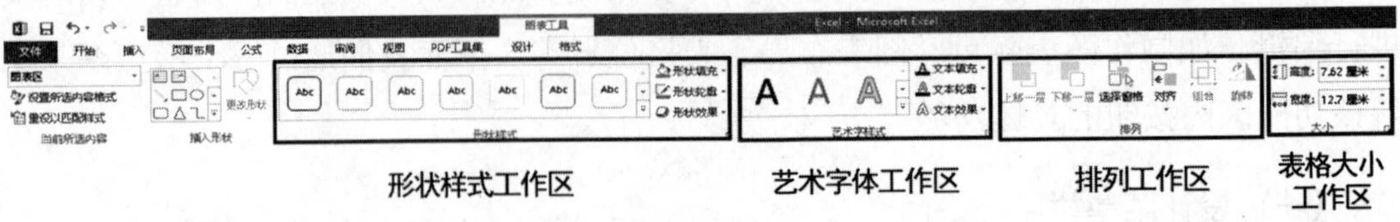

图 3–46　格式菜单栏

（1）形状样式工作区：该区域按钮可以调整图表边框形状样式。

（2）艺术字样工作区：该区域按钮可以为表格内文字添加艺术字样效果。

（3）排列工作区：该区域按钮可以调整图表之间和图表内部元素的排列关系。

（4）表格大小工作区：通过修改该区域选框数值，可以调整图表大小。

练 习 题

一、单项选择题

作为数据的一种表示形式，图表是动态的，当改变了其中（　　）之后，Excel会自动更新图表。

A.X 轴上的数据　　B.Y 轴上的数据

C.所依赖的数据　　D.标题的内容

二、多项选择题

1.在 Excel 中，下面可用来设置和修改图表的操作有（　　）。

A.改变分类轴中的文字内容　　B.改变系列图标的类型及颜色

C.改变背景墙的颜色　　D.改变系列类型

2.下列属于 Excel 图表类型的有（　　）。

A.饼图　　B.XY 散点图

C.曲面图　　D.圆环图

3.在 Excel 2013 如何修改已创建图表的图表类型？（　　）。

A.执行“图表工具”区“设计”选项卡下的“图表类型”命令

B.执行“图表工具”区“布局”选项卡下的“图表类型”命令

C.执行“图表工具”区“格式”选项卡下的“图表类型”命令

D. 右击图表，执行“更改图表类型”命令

4. 在 Excel 2013 中，关于条件格式的规则有（　　）。

A. 项目选取规则　　B. 突出显示单元格规则

C. 数据条规则　　D. 色阶规则

实训操作

根据数据素材制作表格，按表中的数据制作图表，并对相应项进行标注。数据素材如下：

标题：一年级 A 班学生 8 月兼职收入统计表

统计要素：姓名、性别、8 月兼职收入。

小飞（男，1500 元）；小羽（男，1000 元）；

小香（女，1200 元）；小马（男，800 元）；

小卓（男，1300 元）；小化（男，500 元）；

小英（女，1400 元）。

任务五　设置 Excel 2013 的页面与打印表格

在完成了各种表格后，可以用打印机将表格打印出来。Excel 2013 提供了方便的打印命令，一般我们先进行打印设置，再进行预览，满意后再打印。

一、打印页面设置

页面设置是打印操作中的重要设置，单击“页面布局”菜单下“页面设置”下拉菜单，弹出“页面设置”对话框如图 3–47 所示。

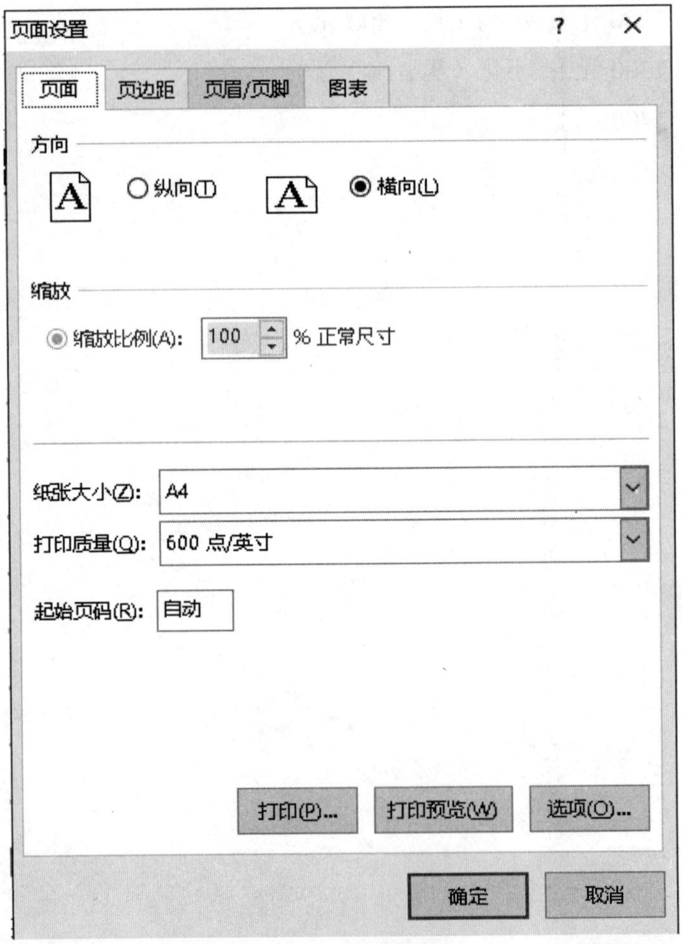

图 3–47　打印页面设置

（一）页面设置

单击“页面设置”对话框中的“页面”选项卡可以指定打印方向，调整打印的缩放比例，设置纸张大小等。

（二）设置页边距

切换到“页边距”选项卡，设置上、下、左、右页边距，页眉、页脚与页边距的距离、表格内容的居中方式。

（三）页眉页脚的设置

切换到“页眉页脚”选项卡，如图 3–48 所示，在“页眉”下拉组合框中可以设置预先设置好的页眉、页脚，如“第一页”“机密”等。

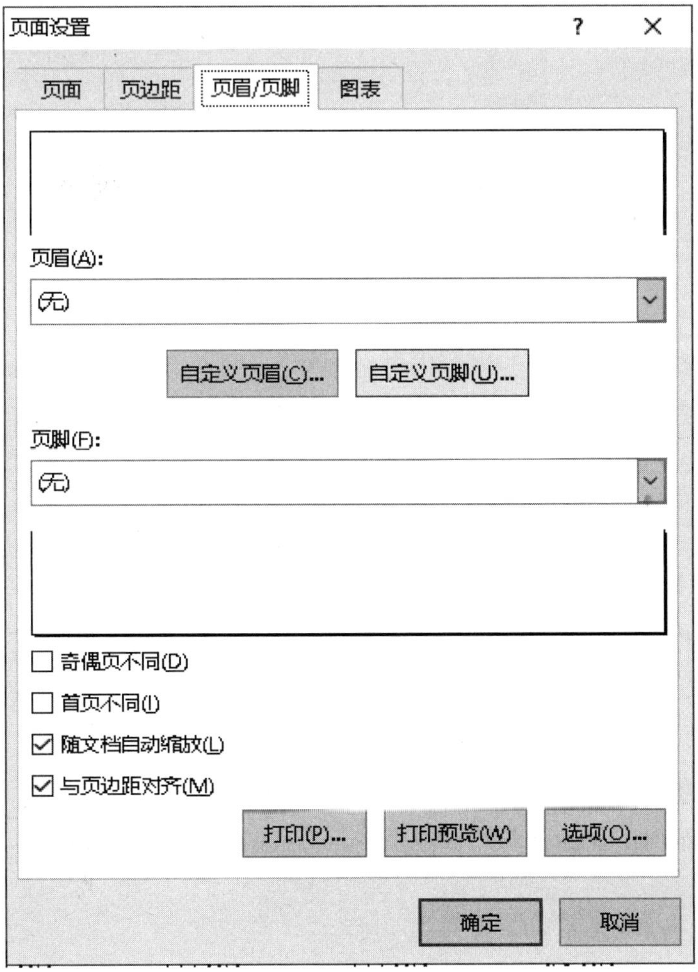

图 3–48　页眉页脚的设置

如果要自己定义页眉、页脚，则可单击“自定义页眉”按钮或“自定义页脚”按钮来设置。单击“自定义页眉”按钮后，屏幕显示“页眉”对话框，如图 3–49 所示。

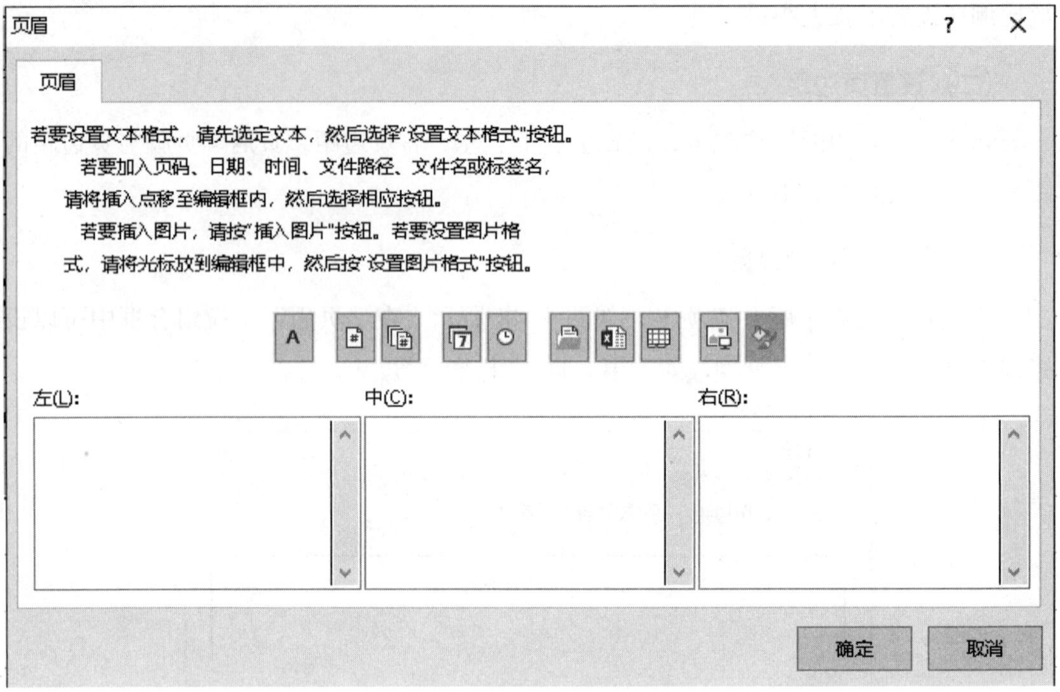

图 3–49　页眉页脚的设置

我们可以按照屏幕提示的内容去做，选择左、中、右 3 个编辑框键入页眉的内容。编辑框上方有一排 10 个按钮，功能依次为“字符格式化”“插入页码”“插入总页数”“插入日期”“插入时间”“插入文件路径”“插入文件名”“插入工作表标签”“插入图片”“设置图片格式”等。

（四）工作表的设置

切换到“工作表”选项卡，得到如图 3–50 所示的对话框。若只打印工作表的某个区域，则可以在“打印区域”文本框中输入要打印的区域，或用鼠标直接在工作表上选取；若打印的内容较长，要输出到两张纸上，而又希望在第二页上有与第一页上相同的行标题的列标题，则在“打印标题”的“顶端标题行”和“左端的标题列”指定标题行和标题列所在的行和列，或由鼠标直接在工作表中选取；同时指定打印顺序等。

图 3–50　工作表的设置

二、打印区域的设置

在 Excel 2013 中可以设置打印区域，从而用户可以控制只将工作表的某一部分打印出来。设置打印区域的步骤如下：

步骤一：选定打印区域所在的工作表。

步骤二：拖动鼠标选定所需打印的工作表区域，选定的区域将以蓝色显示，如图 3–51 所示。

步骤三：单击“文件”菜单的“打印”命令，在弹出菜单中选取“打印活动工作表”选项，就把选定的区域设置为“打印选定区域”。

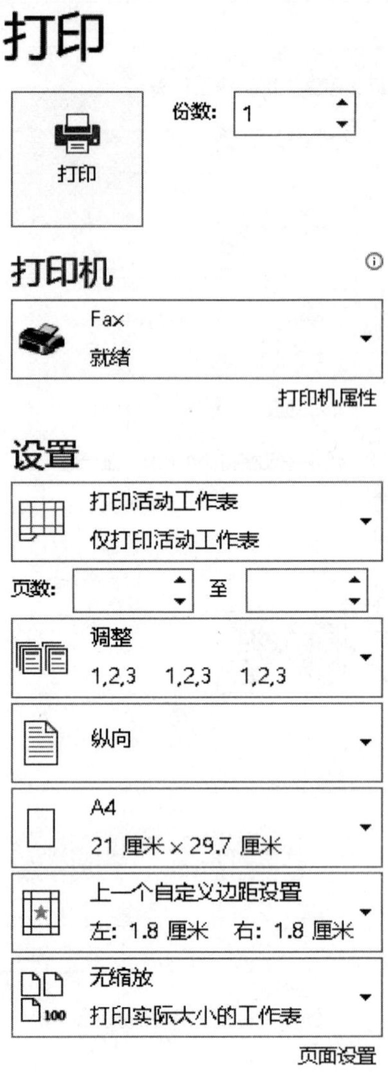

图 3–51 打印区域的设置

三、输出打印

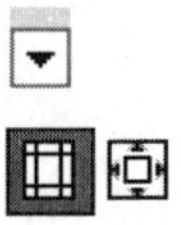

图 3–52 打印

单击“文件”菜单中的“打印”命令，屏幕显示打印预览状态。在对话框中，我们可以在屏幕右下角按“缩放”按钮，放大打印的情况，按“页边距”按钮，观察打印内容在一页中的位置，如图 3–52 所示。通过设置“页数”后的数字设置，可以调整文件的打印范围，在“份数”栏输入打印份数。当符合用户的要求后，单击“打印”按钮即可打印。

小贴士

在打印之前，打印预览是非常有必要的，可以查看Excel表格是否能够完整地打印在一张纸上，可以减少打印错误的问题。

练习题

选择题

在 Excel 中，可以通过临时更改打印质量来缩短打印工作表所需的时间，下面哪些方法可以加快打印作业（　　）。

A. 以草稿方式打印　　B. 以黑白方式打印

C. 不打印网格线　　D. 降低分辨率

实训操作

将三页Word文档缩小到一张纸上，并打印出来。

请完成对“项目三”学习的自我评价，自我评价表如表3-11所示。

表3-11　自我评价表（项目三）

评价模块 / 知识点	知识与技能			作业实操			体验与探索		
	熟练掌握	一般认识	简单了解	独立完成	合作完成	不能完成	收获很大	比较困难	不感兴趣
Excel 2013 工作簿的创建	□	□	□	□	□	□	□	□	□
Excel 2013 的公式与函数	□	□	□	□	□	□	□	□	□
数据处理与分析	□	□	□	□	□	□	□	□	□
Excel 2013 的数据图表	□	□	□	□	□	□	□	□	□
Excel 2013的页面设置与打印	□	□	□	□	□	□	□	□	□
疑难问题									
学习收获									

项目四

制作PowerPoint 2013 演示文稿

导语

PowerPoint（演示文稿）简称PPT。PPT可以用文字、图形、色彩及动画的方式，将需要表达的内容直观、形象地展示给观众，让观众对作者要表达的意思印象深刻。日常生产生活中，PPT在工作汇报、企业宣传、产品推介、婚礼庆典、项目竞标、管理咨询、教育培训等领域占着举足轻重的地位。

学习目标

· 了解 PowerPoint 2013 软件的特点和作用

· 掌握 PowerPoint 2013 软件的基本操作功能

· 能够使用 PowerPoint 2013 制作常用的办公演示文稿

你知道吗?

Microsoft PowerPoint是全世界使用最广泛的制作演示文稿程序，它是Microsoft Office办公套件的一个重要组成部分，是一种直观的图形应用程序，它能从静态和动态两个方面让展示的内容更美观生动，增强视觉感受。

知识要点

与以往的旧版本相比，PowerPoint 2013具有新颖而崭新的外观，重新设置了用户界面，从而使创建、演示和共享演示文稿成为更方便快捷的体验。PowerPoint 2013继承了Windows操作系统友好的图形用户界面、“所见即所得”的幻灯片编辑方式，让用户能够轻松、快捷地制作出各式各样的幻灯片。

PowerPoint 2013与前面介绍的Word 2013和Excel 2013有着许多共同点，在操作上有许多相通之处，有了Word 2013和Excel 2013的基础，可以更容易地掌握PowerPoint 2013的操作。

任务一 创建演示文稿

做中学

小组分工合作，网上收集资料了解不同版本PPT的差异，请将收集到的资料填写到表4–1中。

表4–1

版本	2003版	2007版	2010版	2013版
区别				
相同点				
兼容性				

一、认识PowerPoint 2013 的工作界面

PowerPoint 2013 的工作界面由快速访问工具栏、标题栏、选项卡、功能区、幻灯

片/大纲浏览窗格、幻灯片窗格、备注窗格、状态栏、视图按钮、显示比例按钮等部分组成（如图 4–1 所示）。

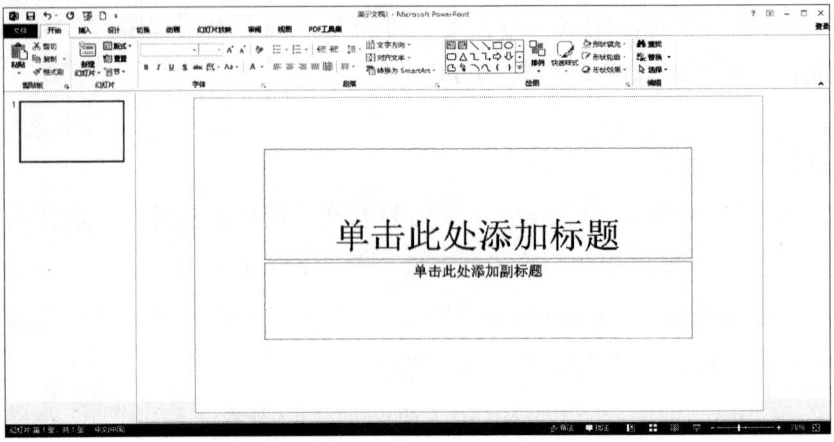

图 4–1　PowerPoint 2013 工作界面

（一）标题栏

标题栏显示当前演示文稿文件名，右端有“最小化”按钮、“最大化 / 还原”按钮和“关闭”按钮，最左端有控制菜单图标，单击控制菜单图标可以打开控制菜单。

（二）快速访问工具栏

快速访问工具栏位于标题栏左端，把常用的几个命令按钮放在此处，便于快速访问。通常有“保存”“撤销”和“恢复”等按钮，需要时用户可以增加或更改。

（三）选项卡

标题栏下面是选项卡，通常有“文件”“开始”“插入”等 9 个不同类别的选项卡，不同选项卡包含不同类别的命令按钮组。单击某选项卡，将在功能区出现与该选项卡类别相应的多组操作命令供选择。例如，单击“文件”选项卡，可以在出现的菜单中选择“新建”“保存”“打印”“打开”演示文稿等操作指令。

有的选项卡平时不出现，在某种特定条件下会自动显示，提供该情况下的命令按钮。这种选项卡称为“上下文选项卡”。例如，只有在幻灯片插入某一图片，然后选择该图片的情况下才会显示“图片工具—格式”选项卡。

（四）功能区

功能区用于显示与选项卡相应的命令按钮，一般对各种命令分组显示。例如，单击“开始”选项卡，其功能区将按“剪贴板”“幻灯片”“字体”“段落”“绘图”“编辑”等分组，分别显示各组操作命令。

议一议

大纲预览窗格起着什么作用？

（五）演示文稿编辑区

功能区下方的演示文稿编辑区分为三个部分：左侧的幻灯片 / 大纲浏览窗格、右侧上方的幻灯片窗格和右侧下方的备注窗格。拖动窗格之间的分界线可以调整各窗格的大小，以便满足编辑需要。

1. 幻灯片窗格

幻灯片窗格显示幻灯片的内容，包括文本、图片、表格等各种对象。可以直接在该窗格中输入和编辑幻灯片内容。

2. 备注窗格

对幻灯片的解释、说明等备注信息在此窗格中输入与编辑，供演讲者参考。

3. 幻灯片 / 大纲浏览窗格

幻灯片 / 大纲浏览窗格上方有“幻灯片”和“大纲”两个选项卡。单击窗格的“幻灯片”选项卡，可以显示各幻灯片缩略图，在“幻灯片”选项卡下，可以一同显示 6 张幻灯片的缩略图，当前幻灯片是第一张幻灯片。单击某幻灯片缩略图，将立即在幻灯片窗格中显示该幻灯片。在这里还可以轻松地重新排列、添加或删除幻灯片。在“大纲”选项卡中，可以显示各幻灯片的标题与正文信息。在幻灯片中，编辑标题或正文信息时，大纲窗格也同步变化。在“普通”视图下，这三个窗格同时显示在演示文稿编辑区，用户可以同时看到三个窗格的显示内容，有利于从不同角度编排演示文稿。

（六）视图按钮

视图是当前演示文稿的不同显示方式。为了方便地切换各种不同视图，可以使用“视图”选项卡中的命令，也可以利用窗口底部右侧的视图按钮，单击某个按钮就可以方便地切换到相应视图。

（七）显示比例按钮

显示比例按钮位于视图按钮右侧，单击该按钮，可以在弹出的“显示比例”对话框中选择幻灯片的显示比例，拖动其右方的滑块，也可以调节显示比例。

（八）状态栏

状态栏位于窗口底部左侧，在“普通”视图中，主要显示当前幻灯片的序号、当前演示文稿幻灯片的总数、采用的幻灯片主题和输入法等信息。在幻灯片浏览视图中，只显示当前视图、幻灯片主题和输入法。

案例欣赏

一张幻灯片，一条信息——这是乔布斯的演示所遵守的原则，比起长篇的文本叙述。他更善于灵活运用产品的图片、图示和数字等，而且通过充分的空白来让自己想要表达的信息更加明确和直观，让观众沉浸在主题里。在发布Mac Air超薄笔记本电脑时，他用一个牛皮纸文件袋装电脑的幻灯片来展现，真是图胜万言。

史蒂夫·乔布斯的演示是以大规模新产品发布会为目的的，是在昏暗的背景中，由一个核心的信息为重点而构成的。但基于演示的目的、对象和地点的不同，即3p的不同，读者不可照搬乔布斯的演示来设计幻灯片。

议一议

从此则案例中你得出来了哪些结论？ PPT是制作得越花哨越好吗？

二、建立演示文稿

（一）建立空白演示文稿

（1）启动PowerPoint 2013 自动创建空演示文稿：无论是使用“开始”按钮启动PowerPoint 2013，还是通过桌面快捷图标或通过现有演示文稿启动，都将自动打开空演示文稿。

（2）使用“文件”按钮创建空演示文稿：单击“文件”按钮，在弹出的菜单中选择“新建”命令，打开Backstage视图，在中间的［可用模板和主题］列表框中选择“空白演示文稿”选项，然后单击“创建”按钮即可（如图4-2所示）。

（二）根据主题模板新建演示文稿

PowerPoint 2013 会给用户提供许多不同种类的主题样式，用户可以通过主题创建新的演示文稿，从而直接应用该主题样式。

具体操作步骤如下：

步骤一：如图 4–3 所示，单击“文件”，选择“新建”，找到“可用的模板和主题”。

步骤二：如图 4–4 所示，点击“主题”或“样本模板”按钮。

步骤三：选择到需要的模板，双击图标即可使用。

图 4–2　创建“空白演示文稿”选项栏

图 4–3　“可用的模板和主题”选项栏

图 4–4　“主题模板”选择栏

（三）根据现有演示文稿新建演示文稿

如果需要将演示文稿的风格统一，那么可以根据现有内容快速创建演示文稿。

1. 执行“根据现有内容新建”命令

点击选择需要的演示文稿，点击“新建”即可。

想一想

如何能将 Word 文档快速转换为 PPT 演示文档？

2. 将现有 PowerPoint 演示文稿设为模板

具体操作步骤如下：

步骤一：点击左上角工具栏的“文件”，选择“另存为”。

步骤二：点击“浏览”，弹出浏览窗口。

步骤三：选择保存类型为 PPT 模板即可，不需要改变保存路径。

步骤四：再次打开 PPT，即可找到自己已经保存过的模板（如图 4–5 所示）。

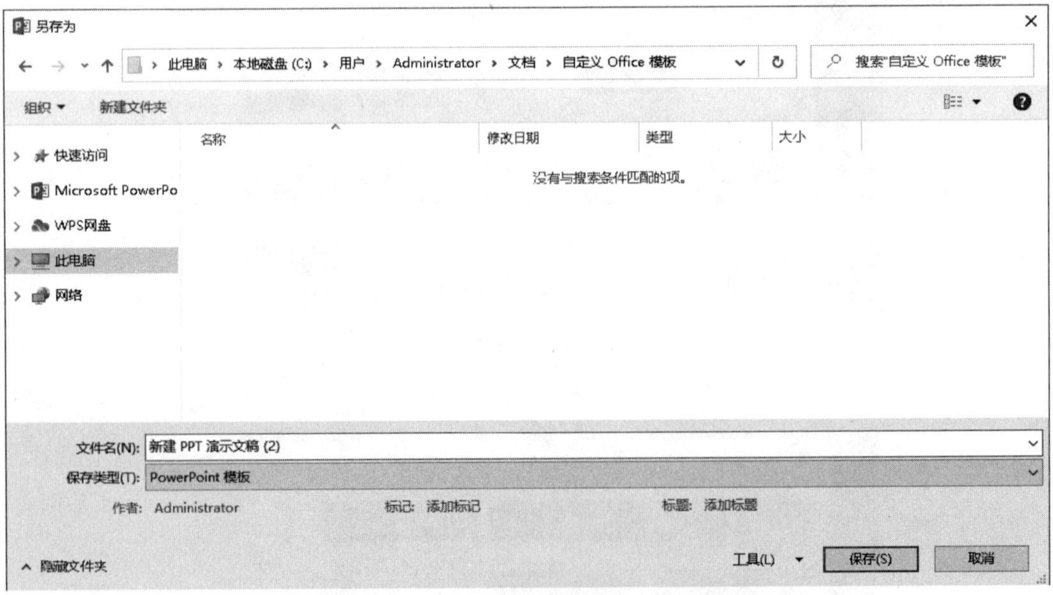

图 4–5　将现有 Power Point 演示文稿设为模板操作页面

三、保存 PowerPoint 演示文稿

具体操作步骤如下：

步骤一：单击左上角“快速访问工作栏”中的保存按键 <Ctrl+S>。

步骤二：在打开的“另存为”对话框中设置保存路径及文件名，单击“保存”按钮即可保存文件。

注意：文稿文件第一次保存时，会出现如图4–6所示的对话框，在“保存类型”后面的窗格内选择所要保存文稿的类型，在“文件名”后面的窗格内输入一个文件名，再单击“保存”按钮即可。

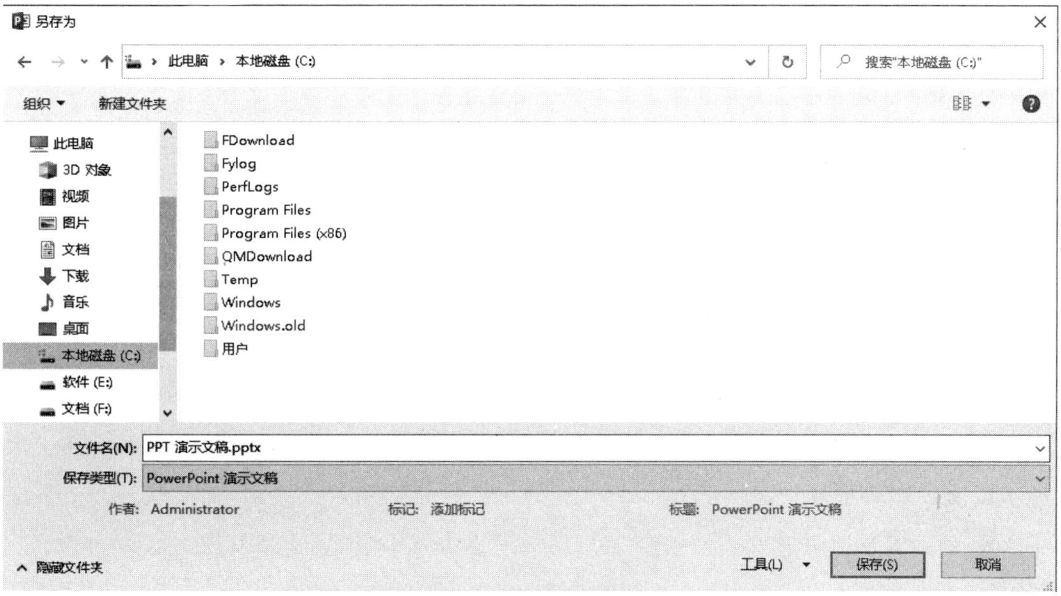

图 4–6 保存选项栏

在退出PowerPoint 2013窗口时，正在编辑的文件没有被保存，则会弹出一个警告对话框，如图4–7所示，若单击“保存”按钮，保存文件后退出PowerPoint 2013窗口；若单击“不保存”按钮，不保存文件直接退出PowerPoint 2013窗口，文件修改的数据将丢失；若单击“取消”按钮，取消退出PowerPoint 2013窗口。

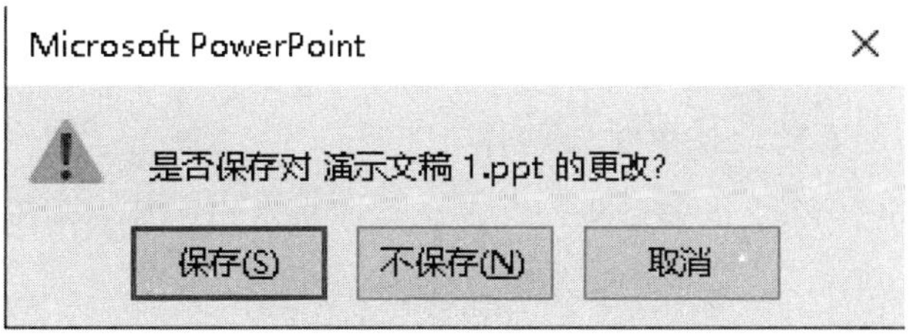

图 4–7 退出 PowerPoint 2013 窗口

练习题

选择题

1.PowerPoint 2013 是（　　）。

A. 数据库管理软件　　B. 文字处理软件

C. 电子表格软件　　D. 幻灯片制作软件（或演示文稿制作软件）

2.PowerPoint 2013 演示文稿的扩展名是（　　）。

A. psdx　　B. ppsx

C. pptx　　D. pbsx

3. 演示文稿的基本组成单元是（　　）。

A. 图形　　B. 幻灯片

C. 超链点　　D. 文本

4.PowerPoint 中主要的编辑视图是（　　）。

A. 幻灯片浏览视图　　B. 普通视图

C. 幻灯片放映视图　　D. 备注视图

5. 在 PowerPoint 2013 各种视图中，可以同时浏览多张幻灯片，便于重新排序、添加、删除等操作的视图是（　　）。

A. 幻灯片浏览视图　　B. 备注页视图

C. 普通视图　　D. 幻灯片放映视图

6. 若用键盘按键来关闭 PowerPoint 窗口，可以按（　　）键。

A.Alt+F4　　B.Ctrl+X

C.Esc　　D.Shift+F4

7. 将编辑好的幻灯片保存到 Web，需要进行的操作是（　　）。

A. “文件”选项卡中，在“保存并发送”选项中选择

B. 直接保存幻灯片文件

C. 超级链接幻灯片文件

D. 需要在制作网页的软件中重新制作

8. 在 PowerPoint 2013 中，若需将幻灯片从打印机输出，可以用下列快捷键（　　）。

A.Shift+P　　B.Shift+L

C.Ctrl+P　　D.Alt+P

9. 下列不是 PowerPoint 2013 视图的是（　　）。

A. 普通视图　　　　B. 幻灯片视图

C. 备注页视图　　　　D. 大纲视图

实训操作

新建一个文稿型三页演示文稿并对演示文稿进行保存。

任务二　编辑幻灯片

通过对演示文稿中的对象（文字、图片、艺术字、形状、表格、声音、视频等）进行编辑，可以发挥多种媒体的各自特点，使演示文稿更加生动、形象，提高它的吸引力和感染力，进一步增强播放演示的效果。

一、了解幻灯片的基本操作

（一）添加新幻灯片

主要有以下几种方法。

方法一：单击“开始”选项卡“幻灯片”组中的“新建幻灯片”按钮，或使用<Ctrl+M>快捷键，均可在当前幻灯片之后或两张幻灯片之间插入一张与原版式相同的幻灯片。

若插入不同版式的幻灯片，单击“新建幻灯片”下拉按钮，弹出下拉列表，从中选择一种版式，即在选定幻灯片之后或两张幻灯片之间插入该版式的幻灯片。

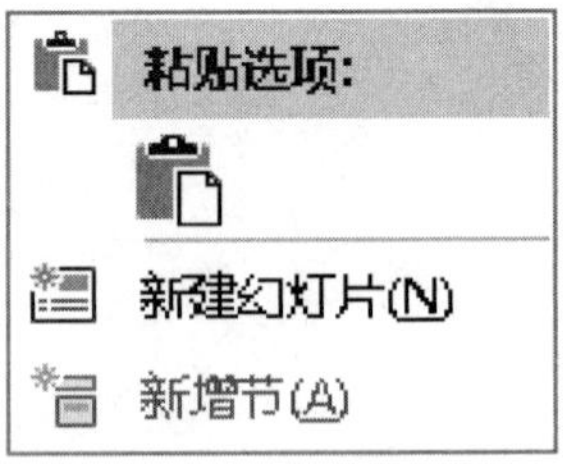

图 4–8　新建幻灯片

方法二：在普通视图的大纲或幻灯片窗格中右击，然后在弹出的快捷菜单中选择“新建幻灯片”命令（如图4–8所示）。

（二）选定幻灯片

在操作幻灯片之前，首先要选定幻灯片。

（1）选定单张幻灯片：在普通视图的大纲或幻灯片窗格中，和在幻灯片浏览视图中，单击需要的幻灯片。

（2）选择编号相连的多张幻灯片：单击起始编号的幻灯片，然后按下<Shift>键，再单击结束编号的幻灯片。

（3）选择编号不相连的多张幻灯片：在按下<Ctrl>键的同时，依次单击需要选择的每张幻灯片，此时被单击的多张幻灯片同时选定。在按下<Ctrl>键的同时再次单击已被选中的幻灯片，则该幻灯片被取消选定。

（三）移动幻灯片

常用操作方法有以下三种。

方法一：在大纲/幻灯片窗格选择目标幻灯片单页，点击鼠标右键弹出菜单，选择“剪切”命令和“粘贴”命令，如图4–9所示。

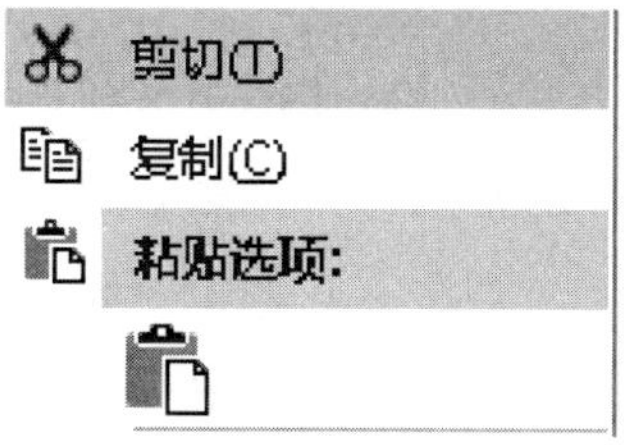

图 4–9　剪切与粘贴

方法二：选中需要移动的幻灯片，在“开始”菜单栏的“剪贴板”工作区中单击“剪贴”按钮，在需要移动的目标位置中单击，然后在“开始”选项卡的“剪贴板”工作区中单击“粘贴”按钮。

方法三：在普通视图或幻灯片浏览视图中，直接拖动要移动的幻灯片到新的位置，拖动过程中有一条水平的直线指出当前移到的位置。

（四）复制幻灯片

在制作演示文稿时，有时会需要两张内容基本相同的幻灯片。此时，可以利用幻灯片的复制功能，复制出一张相同的幻灯片，然后对其进行适当的修改。复制幻灯片常用操作方法有以下三种。

方法一：在大纲 / 幻灯片窗格选择目标幻灯片单页，点击鼠标右键弹出菜单，选择“复制”命令和“粘贴”命令，如图 4–10所示。

方法二：在“开始”菜单栏的“剪贴板”工作区中单击“复制”按钮和“粘贴”按钮，如图 4–11所示。

方法三：在普通视图或幻灯片浏览视图中，拖动要复制的幻灯片，并按住 <Ctrl> 键，到目标位置先释放鼠标，然后松开按键。

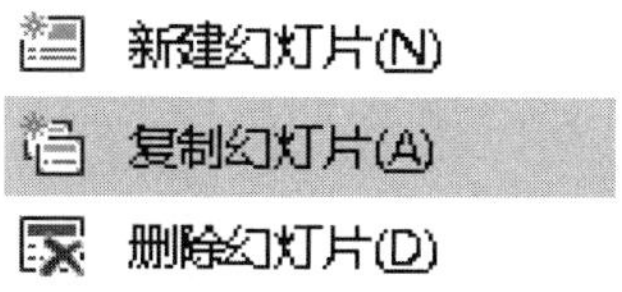

图 4–10　复制与粘贴

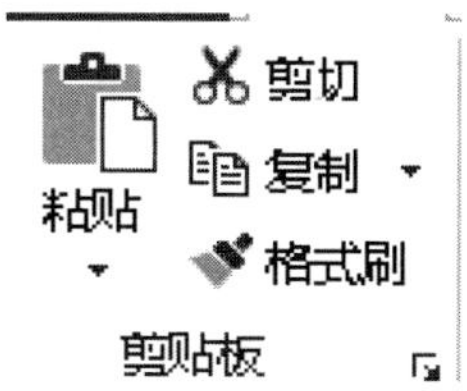

图 4–11　开始菜单里的复制

议一议

当幻灯片里面内容过多、字的密度过大，不利于观众阅读或观看，这时应该如何去操作呢？

（五）调整和删除幻灯片

当用户对当前幻灯片的排序位置不满意时，可以随时对其进行调整。接将其拖放到适当的位置即可。幻灯片被移动后，PowerPoint 2013 会自动对所有幻灯片重新编号。

另外，在演示文稿中删除多余幻灯片是清除大量冗余信息的有效方法。删除幻灯片的常用操作方法有以下三种。

方法一：选定要删除的幻灯片，按<Delte>键。

方法二：右击要删除的幻灯片，选择快捷菜单中的“删除幻灯片”命令，如图4–12所示。

方法三：选定要删除的幻灯片，按<Ctrl+X>键，剪切幻灯片。

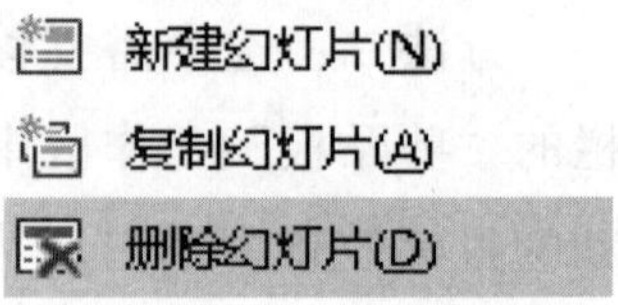

图 4–12　删除幻灯片

（六）隐藏幻灯片

有时根据需要不能播放所有幻灯片，用户可将某几张幻灯片隐藏起来，而不必将这些幻灯片删除，被隐藏的幻灯片在放映时不播放。

（1）隐藏幻灯片：选定要隐藏的幻灯片，选择“幻灯片放映”菜单栏“设置”工作区，点击“隐藏幻灯片”按钮，如图4–13所示。此时，在普通视图的幻灯片窗格中或幻灯片浏览视图状态下，幻灯片的编号上有“\”标记，标志该幻灯片被隐藏。

（2）取消隐藏：选定要取消隐藏的幻灯片，再次点击“设置”工作区“隐藏幻灯片”按钮即可。

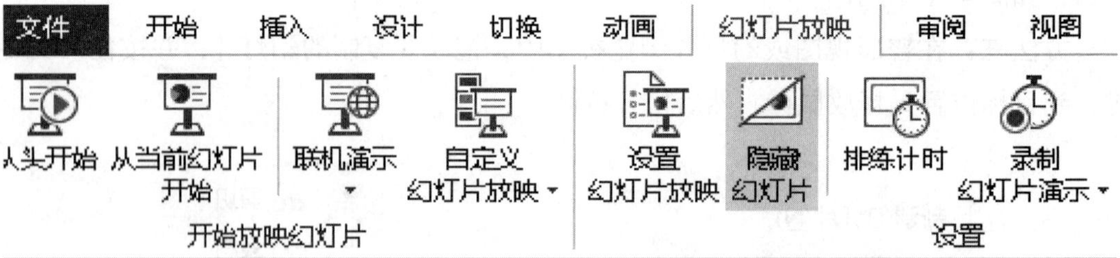

图 4–13　隐藏幻灯片

二、设计幻灯片版式

文字、图表、组织结构图及其他可插入元素，都是以对象的形式出现在幻灯片中的。通过在幻灯片中巧妙地安排各个对象的位置，能够更好地达到吸引观众注意力的目的。

PowerPoint 2013 中通过幻灯片版式设计来完成这些对象的布局。

PowerPoint 2013提供了许多种版式，这些版式中包含了许多占位符，用虚线框表示，并且包含有提示文字。这些虚线框中可以容纳标题、文字、图片、图表和表格等各种对象。对于占位符可以移动它的位置，改变它的大小，对于不需要的占位符还可以进行删除操作，占位符在幻灯片放映时不显示。

新建的空白演示文稿通常采用“标题幻灯片”版式作为第一张幻灯片。如同一本书的封面，说明演示的主题与目的。

在“标题幻灯片”之后添加的幻灯片默认情况下是“标题和内容”版式，用户可根据需要选择需要的版式，如图4-14所示。

具体操作步骤如下：

步骤一：选定要修改版式的幻灯片；

步骤二：单击“开始”菜单栏下“幻灯片”工作区中“版式”按钮，在弹出的“office 主题”中，单击所需版式即可。

想一想

所有正文幻灯片的版式设置有些过于单一，缺乏变化，如何才能设计得个性化呢？

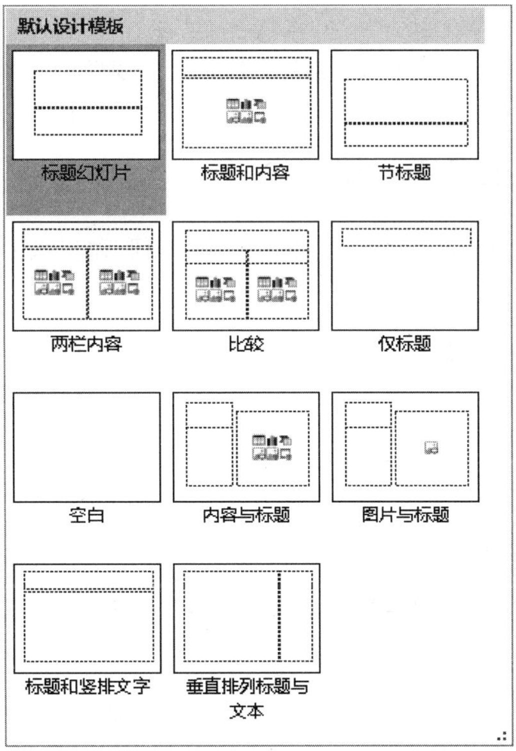

图 4-14 “标题和内容”版式选项栏

三、剪辑和输入文字

在PowerPoint 2013中，不能直接在幻灯片中输入文字，只能通过文本占位符或文本框来添加文本。PowerPoint中对文本进行删除、插入、复制、移动以及文本字体格式化等的操作，与在Word中的操作方法类似。

（1）文本框是一种可移动、可调整大小的文字或图形容器，其特点与占位符非常相似。使用文本框可以在幻灯片中放置多个文字块，实现在幻灯片中的任意位置添加文字信息的目的。

（2）点击“插入”菜单栏下的“文本框”按钮，可以选择横排或竖排如图4–15所示；激活文本框区域，可以在其中输入文字；在幻灯片空白处单击，即可结束文字编辑状态。

图 4–15　插入“文本框”选项栏

四、插入图片、艺术字、图形

PowerPoint 2013也可以在幻灯片上插入图片、图形和艺术字等（如图4–16所示）。

图 4–16　“插入”工具栏

（一）拖拽插入图片

用鼠标将所需要的图片拖拽进 PowerPoint 2013 软件中，调整至合适的大小即可。

想一想

怎样在幻灯片里面制作相册？

（二）单击“图片”插入

单击“插入”选项卡，在“图像”组中单击“图片”按钮，在弹出的“插入图片”对话框中找到图片保存的位置，选择要插入的图片，单击“插入”如图4–17所示；或在“插入图片”对话框中，按着<shift>键鼠标分别选择首、尾两张图片，可以选择它们之间连续的多个图片，然后单击“插入”，或在“插入图片”对话框中，按<Ctrl>键，鼠标可以分别选中不连续的图片，然后单击“插入”，多张图片同时插入到幻灯片它们叠在一起，调整一下图片大小，分别把它们移动到合适的位置，如果幻灯片版式中有几个图片占位符，同时插入几张图片，图片自动插入到图片占位符中。

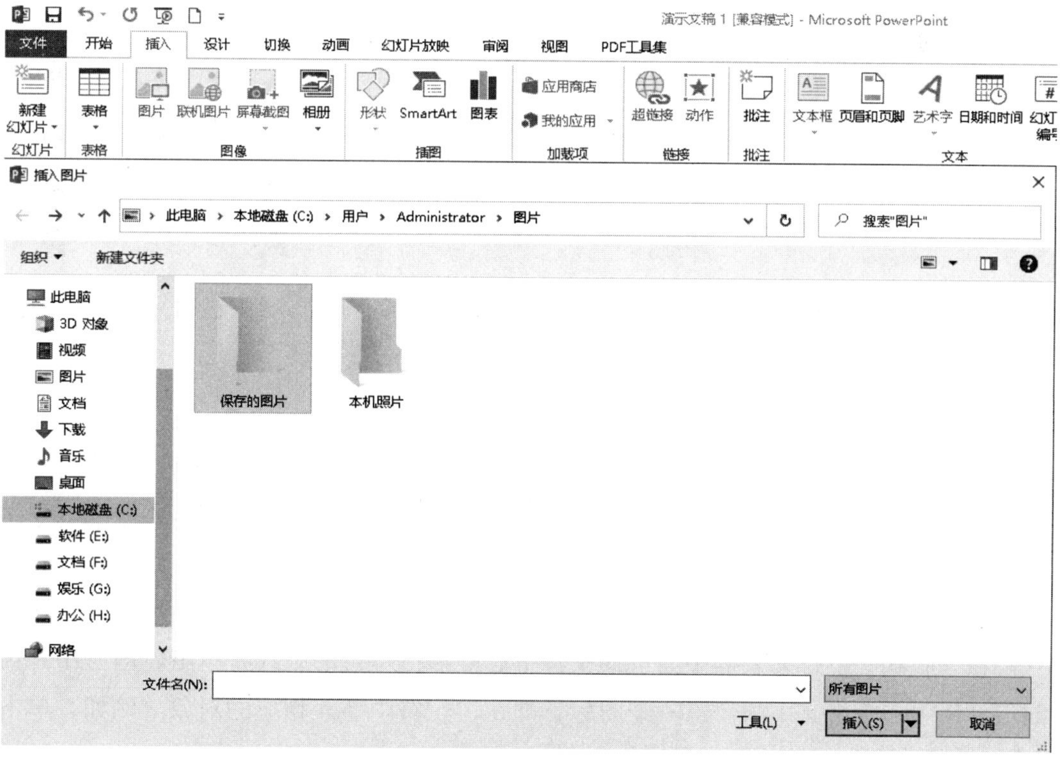

图4–17 插图“图片”选项栏

补充知识

除了演讲型PPT，还有阅读型的PPT，后者除图片外的文本信息量就会增多。许多演示设计达人就非常重视封面、封底、目录页和内页的整体设计，其模板风格让人赏心悦目，其内容也适宜阅读。

（三）插入艺术字

艺术字是一种特殊的图形文字，常被用来表现幻灯片的标题文字。用户既可以像对普通文字一样设置其字号、加粗、倾斜等效果，也可以像图形对象那样设置它的边框、填充等属性，还可以对其进行大小调整、旋转或添加阴影、三维效果艺术字是一种特殊的图形文字，常被用来表现幻灯片的标题等。

如图4-18所示，单击“插入”菜单栏下的“艺术字”下拉按钮，在下拉列表中选择所需的样式，即可在幻灯片中插入艺术字。

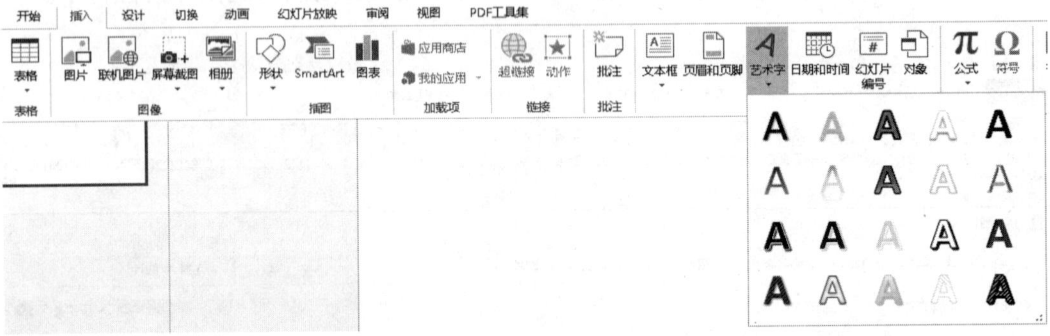

图 4-18　插图“艺术字”选项栏

（四）插入图形

向幻灯片中插入图形对象主要是指插入剪贴画、形状、SmartArt 图形和图片等，其插入方法主要有两种：一是利用图形占位符，二是利用“插入”功能区的对应命令按钮。

方法一：利用图形占位符。

在“版式”下拉列表框中，选择一种带有图形占位符的版式并单击，即应用到当前幻灯片中。单击其中的任意一个图标，即在占位符中插入相应的对象。例如，单击“插入剪贴画”图标，弹出“剪贴画”任务窗格，从中搜索某一类型的剪贴画，在搜索列表框中单击需插入的剪贴画，即将该剪贴画插入当前幻灯片的该占位符中。

方法二：利用“插入”功能区的“图片”按钮、“剪贴画”按钮、“形状”按钮、SmartArt 按钮等均可向幻灯片中插入相应的图形对象。

向幻灯片中插入对象的方法不是唯一的，可以用其他的方法完成。向幻灯片中插入各种对象的操作与Word 2013中操作相似，可仿照Word 2013中操作向幻灯片中插入对象。另外，幻灯片中的文本框、表格、图形等对象同样可以进行编辑、格式化，其操作与Word中的操作相同。

想一想

通过版式、配色、插图等手段进行装饰，演示文稿已经有了很大的效果，还有哪些手段能让版面更生动呢？

五、插入表格和图表

（一）插入表格

如图4–19所示，在PowerPoint 2013中插入表格的方法与Word 2013相同。

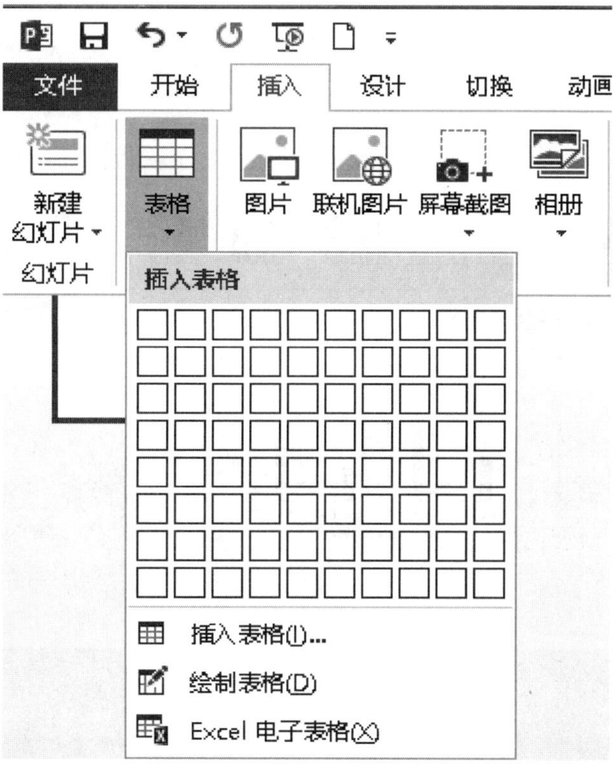

图 4–19 “表格”选项栏

PowerPoint 2013还可以按以下步骤将已有的Word表格或Excel工作表直接插入到幻灯片中加以利用。

步骤一：启动Excel 2013，打开要使用的工作簿的工作表，选定要复制的单元格区域。

步骤二：切换到 PowerPoint 2013 窗口，选定需要添加表格的幻灯片。

步骤三：选择“开始”菜单下“粘贴”按钮即可。

（二）插入图表

1. 数据输入

在PowerPoint 2013中，我们可以通过使用“插入”菜单栏下的图标功能区来建立图表，而建立的图表步骤与 Excel 2013 建立图表相关，具体步骤如下：

步骤一：单击“插入”菜单下的“图表”下拉菜单。

步骤二：出现“插入图表”的对话框，如图4-20所示。选中图表模板类型和子图表类型，然后单击“确定”按钮，就会激活Excel 2013。

步骤三：根据前文提到的 Excel 2013表格图文建立方式就可以在PowerPoint 2013生成相关图表。

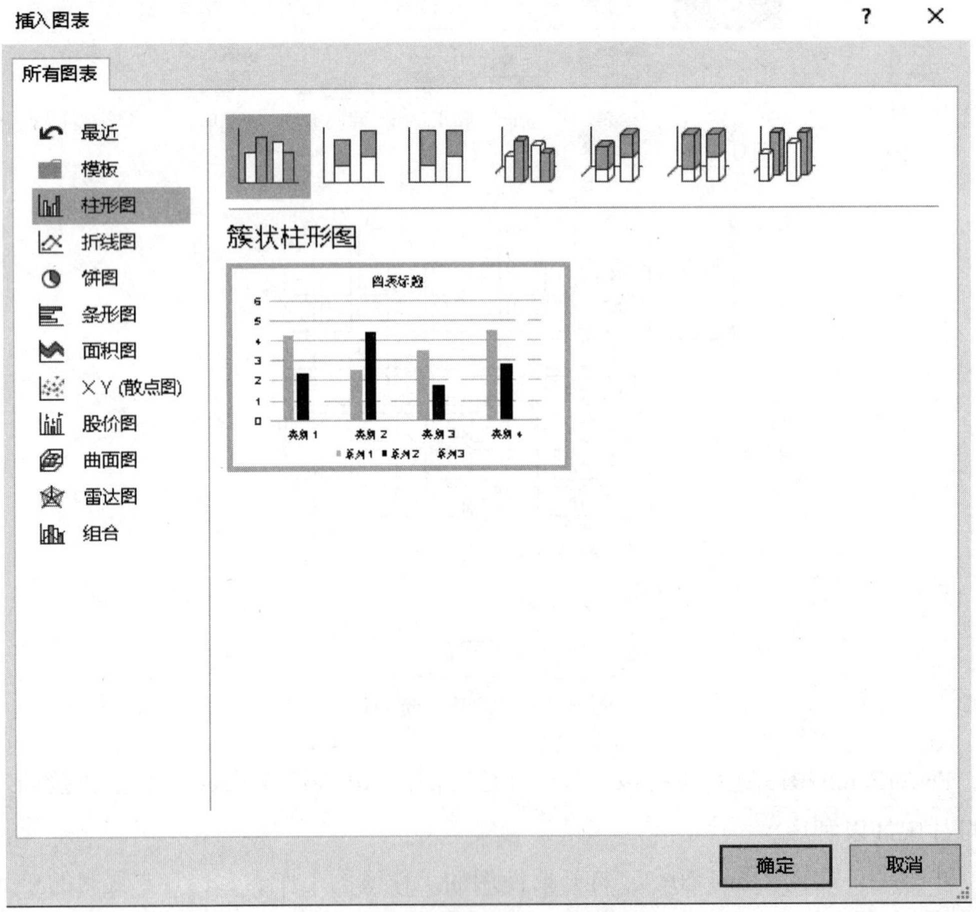

图 4-20　图表选择对话框

2. 布局设置

打开PowerPoint 2013，点击进入“设计”工具栏，进入幻灯片“设计”工具栏后，在左上角就可以看到“幻灯片大小”按钮，点击“自定义幻灯片大小”按钮就可以进入设置页面了（如图 4-21 所示）。

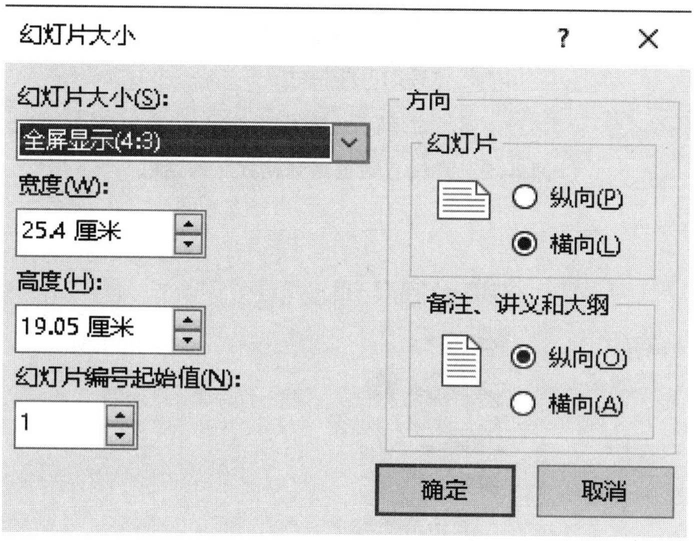

图 4-21　布局设置选项栏

3. 字体设置

右键单击已编辑文本，会出现字体设置框，可以对文字进行设置编辑，如图 4-22所示。也可以通过“开始”菜单下的字体工作区相关按钮对文本进行修改。

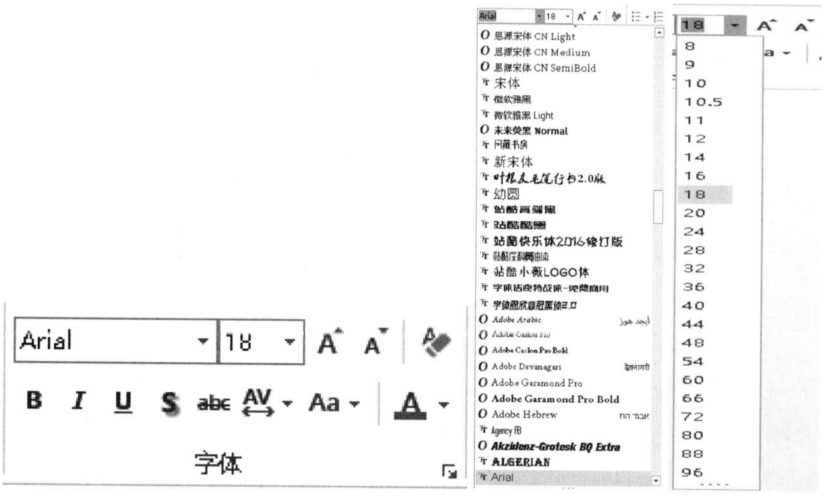

图 4-22　字体设置框

4. 格式设置

右键单击图表中“柱形”，选择“设置数据系列格式”，如图 4–23、图 4–24 所示，出现设置数据系列格式对话框。

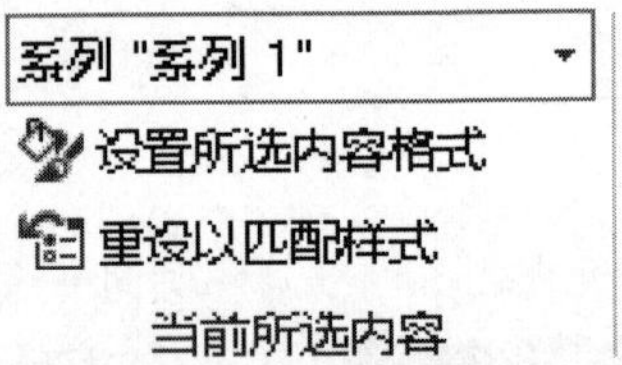

图 4–23 “设置数据系列格式”对话框

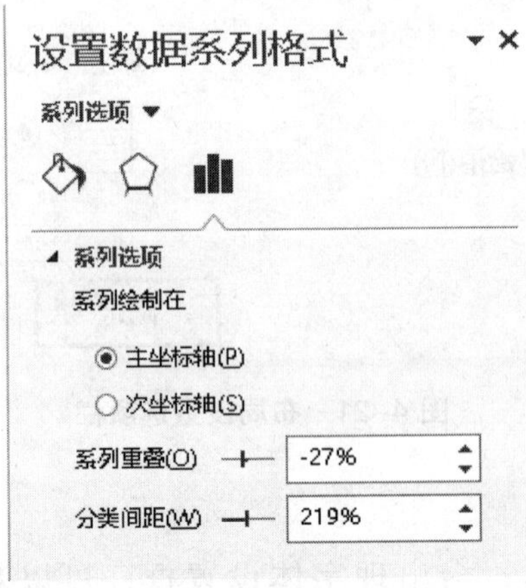

图 4–24 “设置数据系列格式”对话框

5. 修改图表样式

单击图表，可以弹出“图表工具”工具栏，在“图标工具”工具栏中我们可以对图表标题、图例、坐标轴等进行修改（如图4–25所示）。

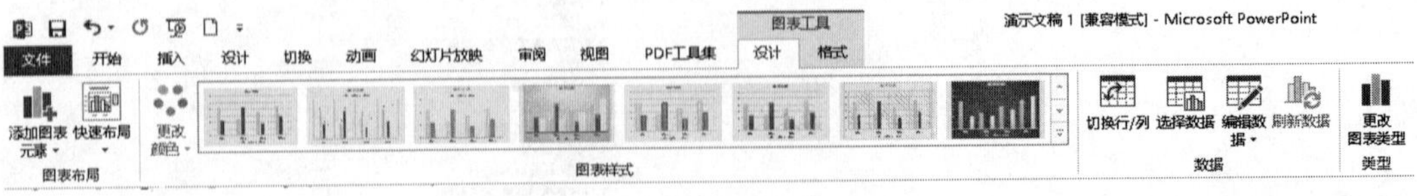

图 4–25 “图表工具”工具栏

以删除柱状图中的“网格线”“纵坐标轴”为例。如图 4–26 所示，左键单击图表，进入“图表工具”，选择“布局”，点击“网格线”下拉选择不显示网格线。删除“纵坐标轴”同删除“网格线”操作相同。

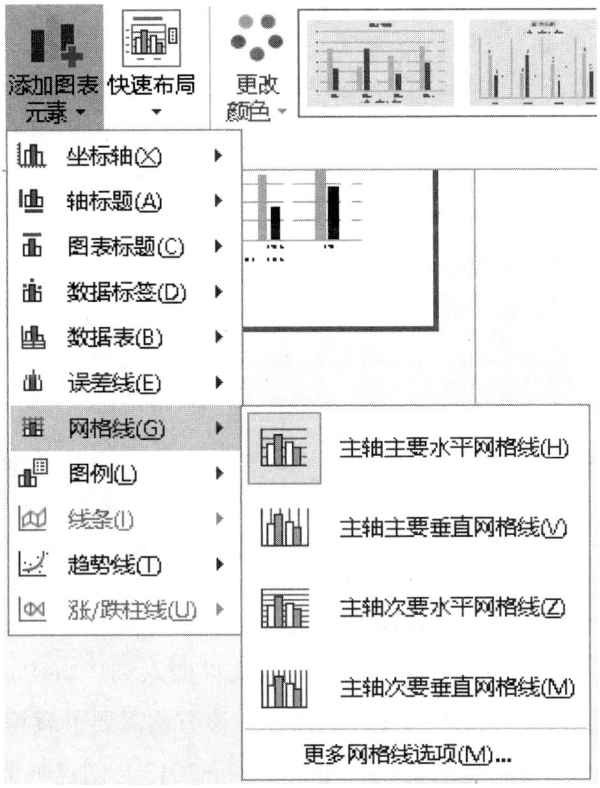

图 4-26　删除图表“坐标轴”和“网格线”

六、插入视频和音频

在演示文稿中可以插入 WAV、MID、WMA、AVI、MOV、MPG 和 FLASH（SWF）等格式的音频和视频文件，从而提高演示文稿的表现力和趣味性，增加演示文稿的吸引力。

在 PowerPoint 2013 中插入视频文件和音频文件的操作方法基本一样。

（一）插入视频

1. 具体操作步骤如下

步骤一：如图 4-27 所示，单击“插入”菜单栏下媒体工作区的“视频”按钮。

步骤二：在打开的“文件中的视频”对话框中，选择影片文件，单击“插入”按钮如图 4-28 所示。

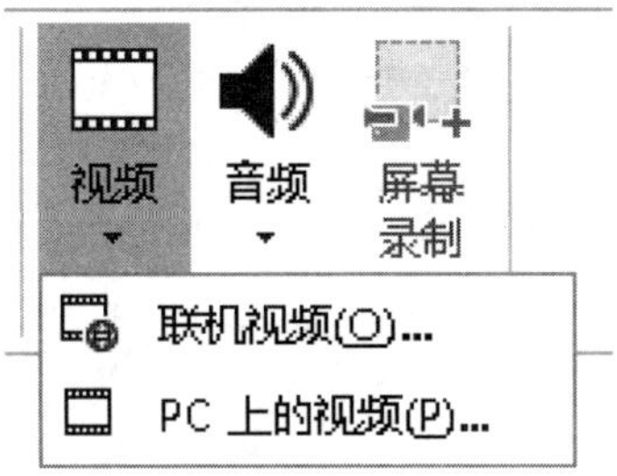

图 4-27　“插入”选项卡

图 4-28 “插入视频文件”对话框

注意：在PowerPoint 2013中放入视频主要有三种方法：

方法一：插入“文件中的视频”会将视频文件嵌入到PowerPoint 2013中，播放时不依赖于外部视频文件，但会增大文件的体积。该方法需要下载相关插件。

方法二：插入“来自网络的视频”，PowerPoint 2013会创建一个指向视频文件当前位置的链接。如果之后网站更改了该影片的位置或断网，则PowerPoint 2013将找不到文件。

方法三：通过超级链接添加外部视频文件，因此为避免文件管理混乱，通常将视频源文件复制到演示文稿所在的文件夹。

2. 播放设置

在“视频工具播放”选项栏（如图4-29所示）中，“书签”工具可以标记观看进度；“编辑”工具可以将插入的视频剪辑到你所需要播放的片段；“音量”工具调整视频的音量；“视频选项”工具可以设置视频在幻灯片内播放的模式和动作。

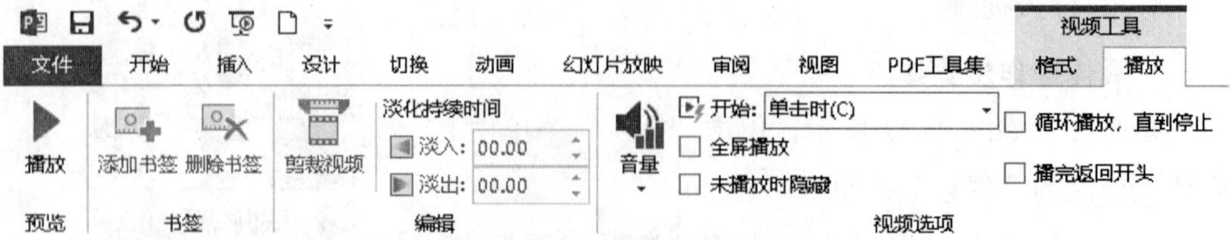

图 4-29 “视频工具播放”选项栏

做中学

由老师发放素材，学生在版式中添加实现跳转的导航条，实现批量超链接，提高编辑效率。

（二）插入音频

1. 选择音频

如图 4–30所示，单击插入功能区“音频”图标，在菜单中选择“文件中的音频”，找到需要的音频，点击插入即可。

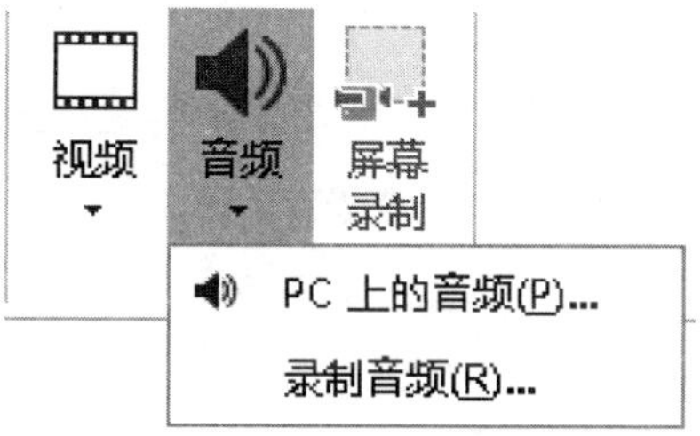

图 4–30　“插入”选项卡

注意：插入音频也可以选择“剪贴画音频”使 PPT 变得有声有色，也可以插入“录制音频”，在 PPT 中直接录制声音。

2. 播放设置

在“音频工具播放”选项栏中，“书签”工具可以标记播放进度；“编辑”工具可以将插入的音频剪辑到你所需要播放的片段；“音量”工具调整音频的音量；“音频选项”工具可以设置音频在幻灯片内播放的模式和动作（如图4–31所示）。

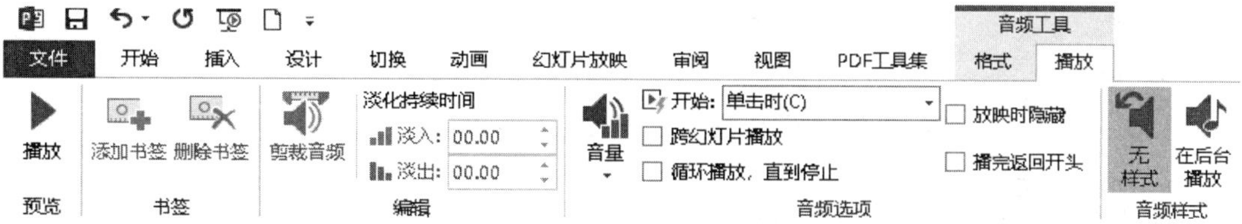

图 4–31　“书签”与“音频选项栏”

3. 背景音乐

想要对 PPT 添加背景音乐可以通过动画进行相关的设置，选中“动画”中“动画窗格”。在“动画窗格”中，点击你添加的音乐，右键，在下拉菜单中，你会看到很多设置，一般情况下，选择效果选项，如图 4–32所示。效果的相关设置：开始播放、停止播放、增强。

图 4-32　背景音乐设置栏

练 习 题

选择题

1. 在 PowerPoint 2013 浏览视图下，按住 CTRL 键并拖动某幻灯片，可以完成的操作是（　　）。

A. 移动幻灯片　　B. 复制幻灯片

C. 删除幻灯片　　D. 选定幻灯片

2. 在 PowerPoint 2013 幻灯片浏览视图中，选定多张不连续幻灯片，在单击选定幻灯片之前应该按住（　　）。

A.Alt　　B.Shift

C.Tab　　D.Ctrl

3. 在 PowerPoint 2013 的普通视图下，若要插入一张新幻灯片，其操作为（　　）。

A. 单击“文件”选项卡下的“新建”命令

B. 单击“开始”选项卡→“幻灯片”组中的“新建幻灯片”按钮

C. 单击“插入”选项卡→“幻灯片”组中的“新建幻灯片”按钮

D. 单击“设计”选项卡→“幻灯片”组中的“新建幻灯片”按钮

4. 在 PowerPoint 2013 环境中，插入一张新幻灯片的快捷键是（　　）。

A.Ctrl+N　　B.Ctrl+M

C.Alt+N　　　　　　　　　　D.Alt+M

5.在PowerPoint 2013“文件”选项卡中的“新建”命令的功能是（　　）。

A.建立一个演示文稿　　　　　　B.插入一张新幻灯片

C.建立一个新超链接　　　　　　D.建立一个新备注

6.当保存演示文稿时（例如单击快速访问工具栏中“保存”按钮），出现“另存为”对话框，则说明（　　）。

A.该文件保存时不能用该文件原来的文件名

B.该文件不能保存

C.该文件未保存过

D.该文件已经保存过

7.单击PowerPoint 2013“文件”选项卡下的“最近所用文件”命令，所显示的文件名是（　　）。

A.正在使用的文件名　　　　　　B.正在打印的文件名

C.扩展名为PPTX的文件名　　　　D.最近被PowerPoint软件处理过的文件名

8.在PowerPoint 2013中，在普通视图下删除幻灯片的操作是（　　）。

A.在“幻灯片”选项卡中选定要删除的幻灯片（单击它即可选定），然后按Delete键

B.在“幻灯片”选项卡中选定幻灯片，再单击“开始”选项卡中的“删除”按钮

C.在“编辑”选项卡下单击“编辑”组中的“删除”按钮

D.以上说法都不正确

9.PowerPoint 2013中，要隐藏某个幻灯片，则可在“幻灯片”选项卡中选定要隐藏的幻灯片，然后（　　）。

A.单击“视图”选项卡→“隐藏幻灯片”命令按钮

B.单击“幻灯片放映”选项卡→“设置”组中“隐藏幻灯片”命令按钮

C.右击该幻灯片，选择“隐藏幻灯片”命令

D.左击该幻灯片，选择“隐藏幻灯片”命令

10.在新增一张幻灯片操作中，可能的默认幻灯片版式是（　　）。

A.标题幻灯片　　　　　　　　B.标题和竖排文字

C.标题和内容　　　　　　　　D.空白版式

11.如果对一张幻灯片使用系统提供的版式，对其中各个对象的占位符（　　）。

A.能用具体内容去替换，不可删除

B. 能移动位置，也不能改变格式

C. 可以删除不用，也可以在幻灯片中插入新的对象

D. 可以删除不用，但不能在幻灯片中插入新的对象

12. 在 PowerPoint 2013 中，若要更换另一种幻灯片的版式，下列操作正确的是（　　）。

A. 单击“插入”选项卡“幻灯片”组中“版式”命令按钮

B. 单击“开始”选项卡“幻灯片”组中“版式”命令按钮

C. 单击“设计”选项卡“幻灯片”组中“版式”命令按钮

D. 以上说法都不正确

13. 在 PowerPoint 2013 中，将某张幻灯片版式更改为“垂直排列标题与文本”，应选择的选项卡是（　　）。

A. 文件　　　　B. 动画

C. 插入　　　　D. 开始

14.PowerPoint 2013 中编辑某张幻灯片，插入图像的方法是（　　）。

A.“插入”“图像”组中的“图片”或“剪贴画”按钮

B.“插入”“文本框”按钮

C.“插入”“表格”按钮

D.“插入”“图表”按钮

15. 在 PowerPoint 2013 中，一位同学要在当前幻灯片中输入“你好”字样，采用操作的第一步是（　　）。

A. 选择“开始”选项卡下的“文本框”命令按钮

B. 选择“插入”选项卡下的“图片”命令按钮

C. 选择“插入”选项卡下的“文本框”命令按钮

D. 以上说法都不对

16. 在 PowerPoint 2013 中，下列说法正确的是（　　）。

A. 不可以在幻灯片中插入剪贴画和自定义图像

B. 可以在幻灯片中插入声音和视频

C. 不可以在幻灯片中插入艺术字

D. 不可以在幻灯片中插入超链接

17. 在 PowerPoint 2013 的页面设置中，能够设置（　　）。

A. 幻灯片页面的对齐方式　　　　B. 幻灯片的页脚

C. 幻灯片的页眉　　　　　　　　D. 幻灯片编号的起始值

18.PowerPoint 2013 的浏览视图下，选定某幻灯片并拖动，可以完成的操作是（　　）。

A. 移动幻灯片　　　　　　　　B. 复制幻灯片

C. 删除幻灯片　　　　　　　　D. 选定幻灯片

19. 要在幻灯片中插入表格、图片、艺术字、视频、音频等元素时，应在（　　）选项卡中操作。

A. 文件　　　　　　　　B. 开始

C. 插入　　　　　　　　D. 设计

20. 下面（　　）视图最适合移动、复制幻灯片。

A. 普通　　　　　　　　B. 幻灯片浏览

C. 备注页　　　　　　　D. 大纲

实训操作

1. 以个人介绍为主题，新建一个演示文稿并对演示文稿进行保存。文档内容包括：姓名、年龄、形象照片、爱好、专业、家乡特色等信息。

2. 在任意幻灯片中插入视频和声音。

任务三　设置幻灯片

在 PowerPoint 2013 演示文稿制作过程中，图文的排版直接影响演示效果。用户可以利用常用的图文排版技巧结合幻灯片“设计”修饰演示文稿，还可以通过设计母版在所有幻灯片中插入相同对象，使制作的演示文稿风格一致、美观大方，增强演示效果。

一、认识排版

（一）排版中常见问题及解决方法

1. 排版中常见问题

（1）满：一张幻灯片上放置太多内容。

（2）杂乱：字体多、颜色杂、序列不当。

（3）文字色彩与背景使用不当：文字与背景颜色相近，难以辨别，如图 4–33 所示。

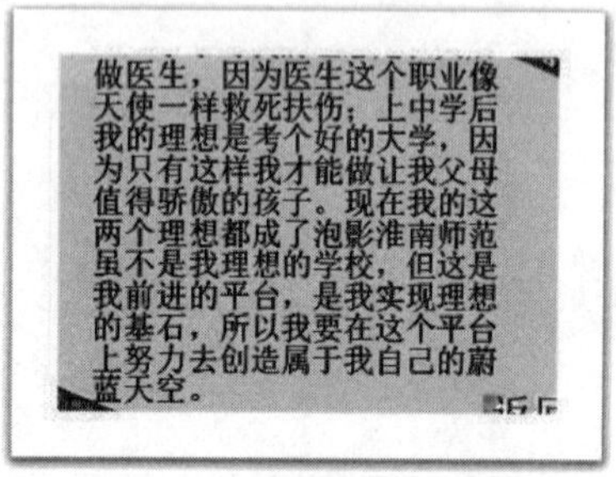

满

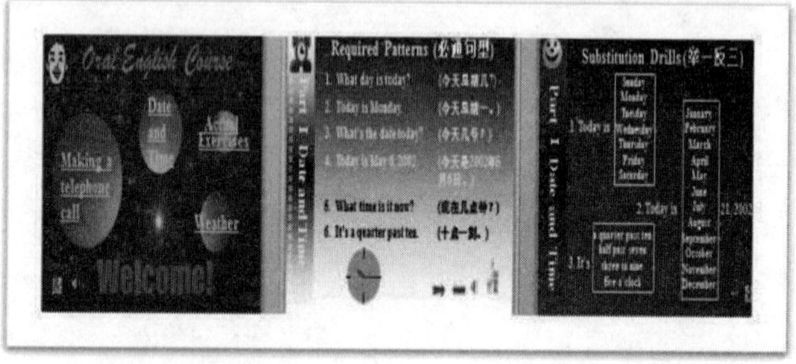

杂乱

图 4–33　排版中常见问题

2. 简化文字的方法

（1）分解到多张幻灯片：一张幻灯片不超过 5 行。

（2）概括关键字：每行不超过 5 个字。

（3）使用动画：控制文字内容。

（4）图示：一图胜千言。

（5）使用备注。

（二）常用排版方法

1. 标准型

最常见的简单而规则的版面编排类型，一般从上到下的排列顺序为：图片/图表、标题、说明文、标志图形，自上而下符合人们认识的心理顺序和思维活动的逻辑顺序，能够产生良好的阅读效果（如图4–34所示）。

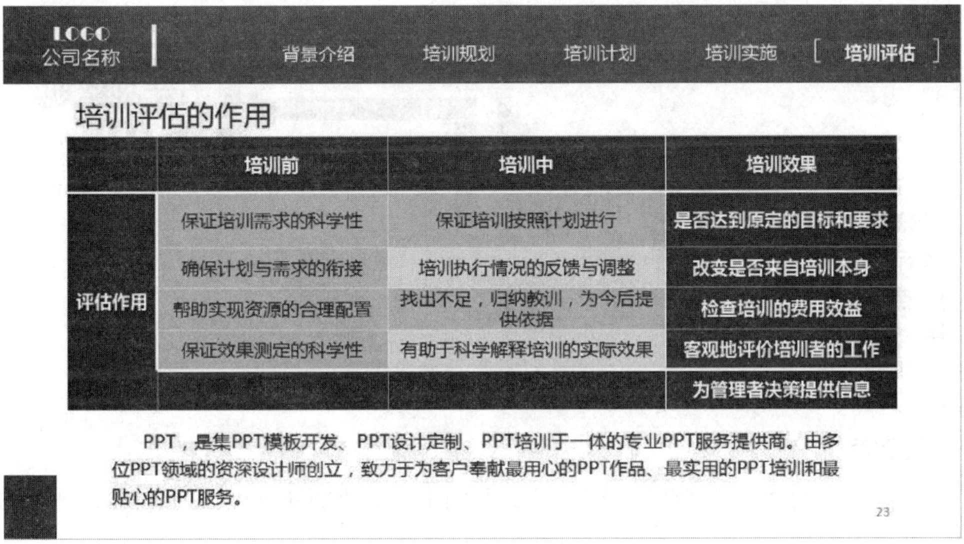

图 4–34　标准型

2. 左置型

这也是一种非常常见的版面编排类型，它往往将纵长型图片放在版面的左侧，使之与横向排列的文字形成有力对比。这种版面编排类型十分符合人们的视线流动顺序（如图4–35所示）。

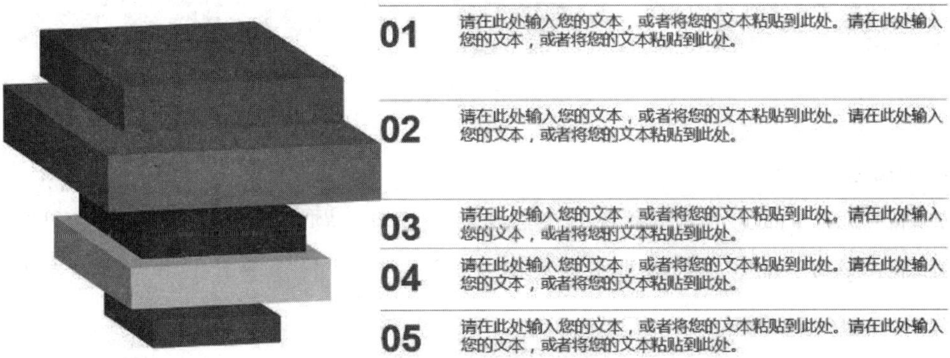

图 4–35　左置型

议一议

在幻灯片中可以插入SmartArt图形吗？会经常使用吗？

3. 斜置型

构图时全部构成要素向右边或左边作适当的倾斜，使视线上下流动，画面产生动感（如图4–36所示）。

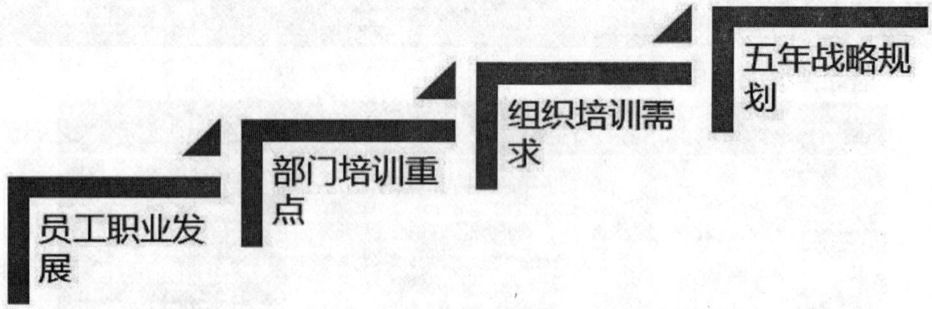

图 4–36　斜置型

4. 圆图型

在安排版面时，以正圆或半圆构成版面的中心，在此基础上按照标准型顺序安排标题、说明文和标志图形，在视觉上非常引人注目（如图4–37所示）。

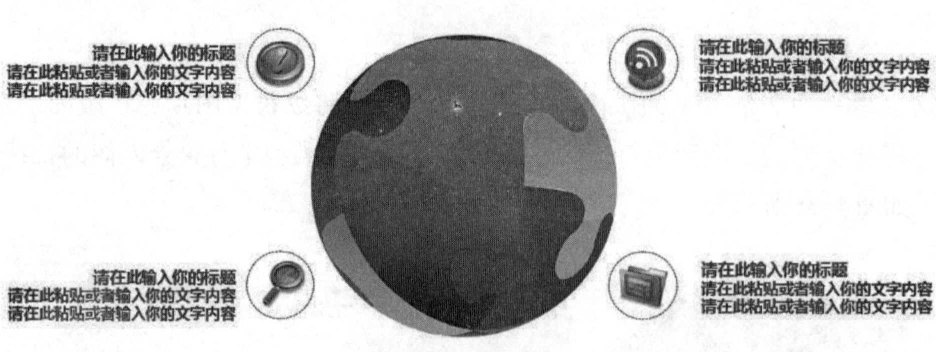

图 4–37　圆图型

5. 中轴型

一种对称的构成形态。标题、图片、说明文与标题图形放在轴心线或图形的两边，具有良好的平衡感。根据视觉流程的规律，在设计时要把诉求重点放在左上方或右下方（如图4–38所示）。

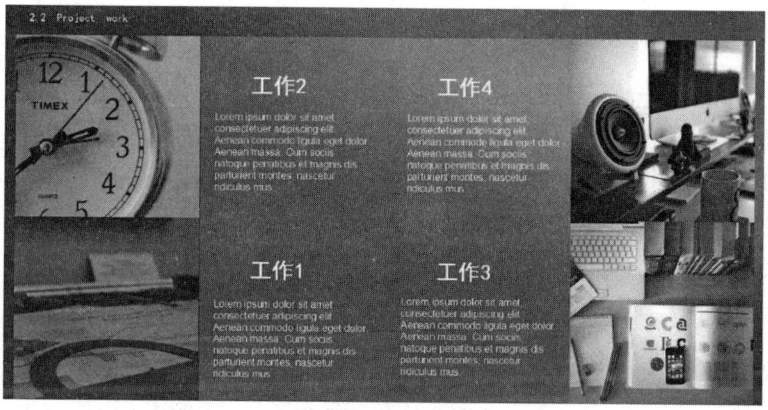

图 4–38　中轴型

6. 棋盘型

在安排版面时，将版面全部或部分分割成若干等量的方块形态，互相明显区别，作棋盘式设计（如图4–39所示）。

图 4–39　棋盘型

7. 文字型

在这种编排中，文字是版面的主体，图片仅仅是点缀。一定要加强文字本身的感染力，同时字体便于阅读，并使图形起到锦上添花画龙点睛的作用（如图4–40所示）。

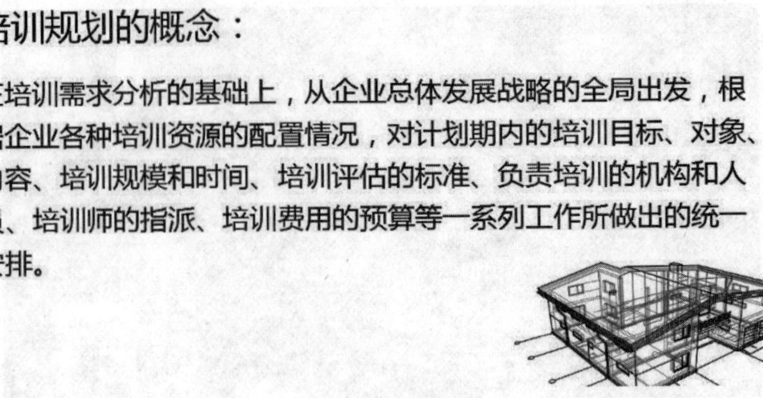

图 4–40　文字型

做中学

挑选一篇课文，为此篇文章设计一款排版。

二、使用母版

（1）通常要求一个演示文稿中所有的幻灯片具有统一的外观格式，可以通过母版、设计模板和配色方案等途径来控制幻灯片外观。

（2）母版分为幻灯片母版、讲义母版和备注母版。

①幻灯片母版控制在幻灯片中键入的标题和文本的格式与类型；

②讲义母版用于添加或修改幻灯片在讲义视图中每页讲义上出现的页眉或页脚信息；

③备注母版可以用来控制备注页的版式以及备注文字的格式。

幻灯片母版提供了标题区、项目列表区、日期区、页脚区和数字区五个占位符，可进行修饰文本格式、改变背景效果、绘制图形、添加公司或学校的徽标图案等操作，实现幻灯片外观方案的设计，如图 4–41~图 4–43 所示。

在母板中插入的对象，会在每张幻灯片中出现。

关闭幻灯片母版切换至“普通视图”状态。右击“幻灯片”窗格中选定的幻灯片，在快捷菜单中的“版式”选项下的母版列表选择母版。

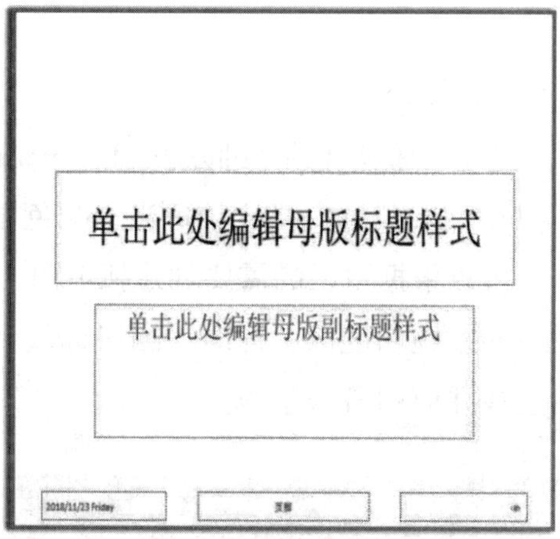

图 4–41　“母版样式”编辑页面

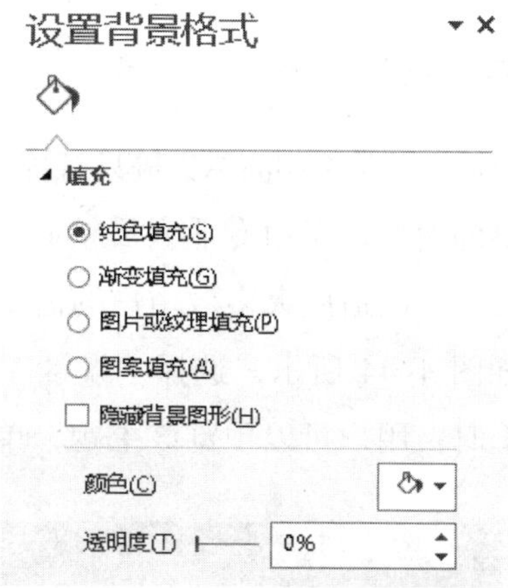

图 4–42　“母版样式”背景填充页面

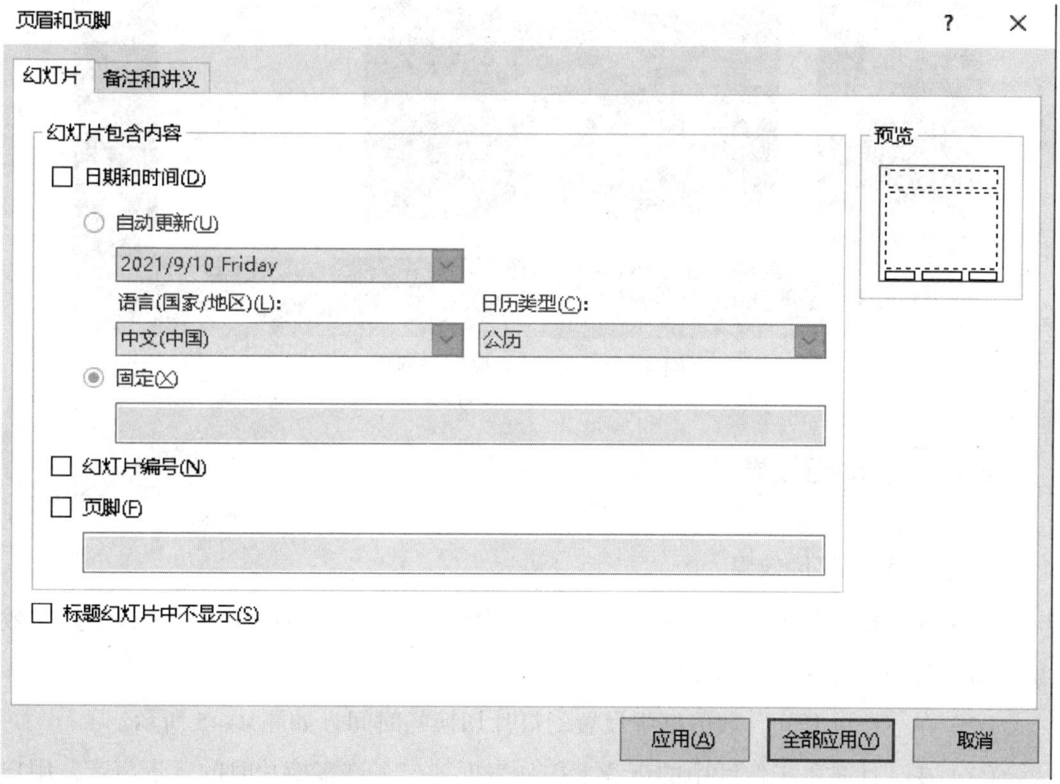

图 4–43　“母版样式”选择对话框

查一查

上网查找资料，寻找使用母版的作用。

三、设计主题

设计主题是控制演示文稿具有统一外观的最有力、最快捷的一种方法。PowerPoint 2013所提供的模板都是由专业人员精心设计的，其中文本位置安排比较适当，配色方案比较醒目，可以适应大多数用户的需要。用户也可以根据自己的需要创建新主题。

如图 4–44 所示，选择“设计”菜单栏下的主题功能区，此时，当鼠标放到某个主题上时，用户可以预览该主题，单击即可选择并应用所需主题。

图 4–44 “设计主题”选择栏

四、设置动画效果

(一) 设置幻灯片效果

(1) 在“切换”菜单栏中选择要使用的切换方式，每一种切换方式可以通过“效果选项”命令进行更细化的设置。

(2) 在“持续时间”数值框中设置幻灯片切换的时间，如图 4–45 所示。

(3) 在“计时”工作区中的声音下拉列表框列出了许多换片时的背景声音，用户可以自由选择使用。

(4) 在“动画”组中，系统默认是单击鼠标时换片，也可以自动定时换片，此时需要设定每张幻灯片在屏幕上停留的时间，如图4–46所示。

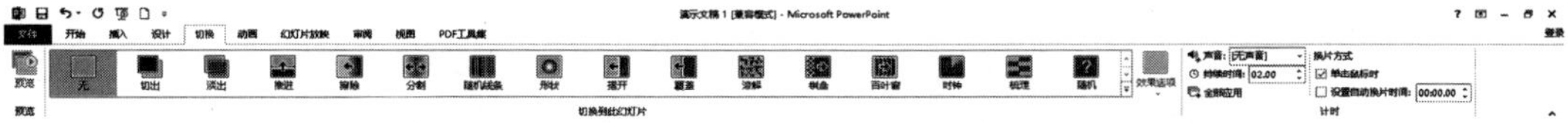

图 4–45 幻灯片时间设置栏

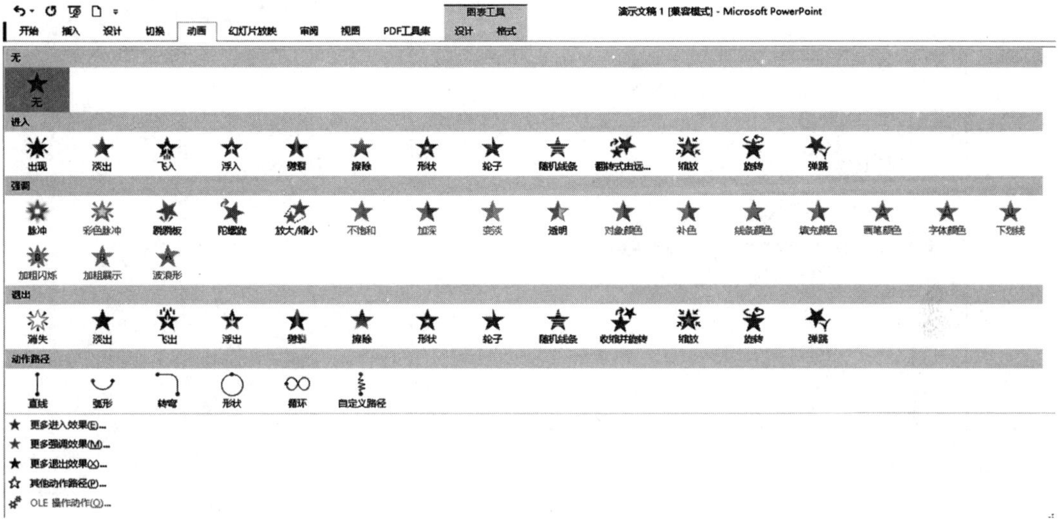

图 4–46 “动画”组

（5）如图 4–47 所示，“动画窗格”按钮可以将设置后的动画按动画的先后顺序显示，用户双击动画列表可以设置选中动画的参数，如开始事件、速度和大小等信息。此外还可以设置动画播放的先后顺序。

（6）如图4–48所示，通过“计时”工作区的命令可以对动画开始的方式、持续时间、延迟和顺序进行设置。单击动画窗格中“动作路径”小箭头，出现下拉菜单，选择“计时”，出现向下弧线的对话框，对话框中包括更加详细的播放设置的选项。

图 4–47 “动画窗格”选择栏

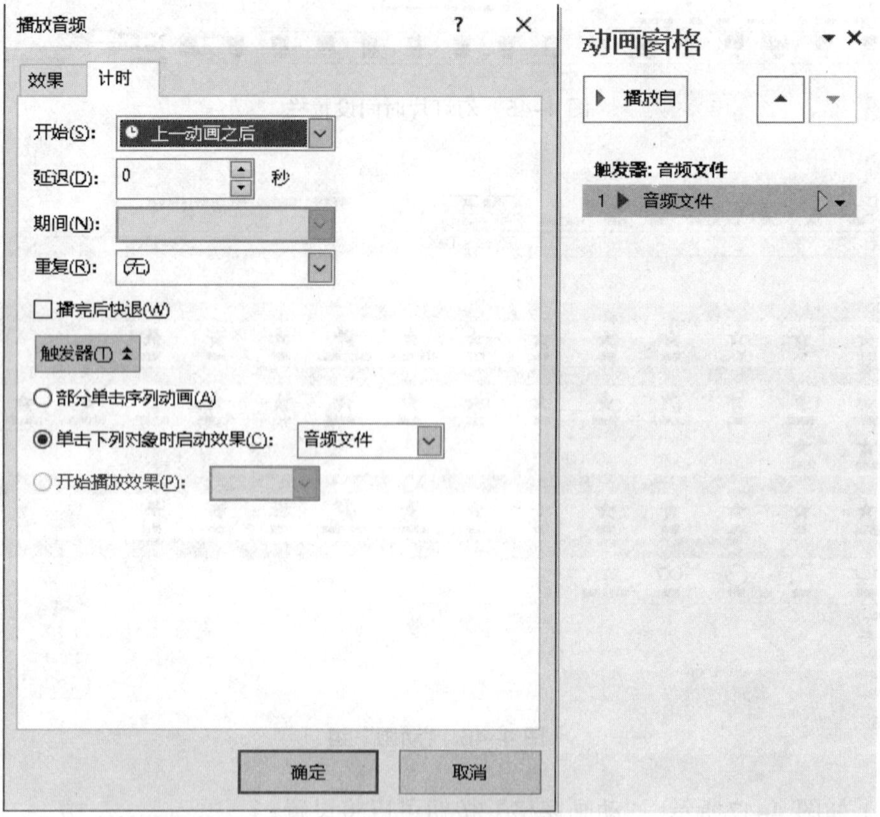

图 4-48　动画“计时”组

议一议

片头动画时间一般设置为多少合适？

（二）设置超链接

在幻灯片中添加超链接，当放映幻灯片时，用户可以通过单击这些超链接来打开相应的对象或者跳转到任意一个页面，而不用从头到尾，一张一张地顺序播放。

设置超链接的方法有以下三种：

方法一：插入超链接（如图4-49所示）

（1）现有文件或网页：选择文件或在“地址”栏中输入网址，链接到该文件或网页。本文档的位置：选择要连接到的幻灯片。

（2）新建文档：连接到一个目前尚不存在的文件，随后创建该文件。

（3）电子邮件地址：发送邮件给指定的邮箱地址，需要正确配置 Outlook 或其他邮件收发软件。

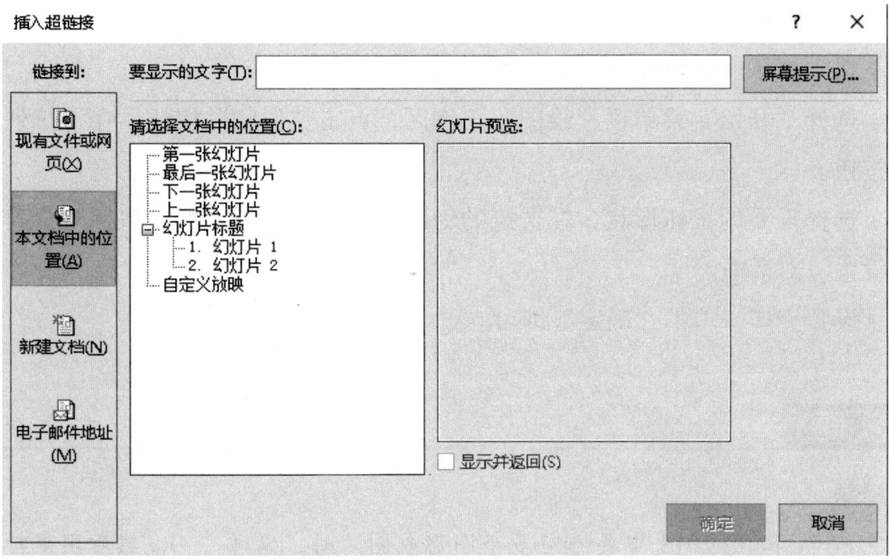

图 4–49 “超链接”插入选项

方法二：动作设置（如图4–50所示）

（1）选择“超链接”，在下拉列表中选择要跳转到的目标幻灯片。

（2）选择“运行程序”，可以创建和计算机中其他程序相连的连接。

（3）选择“播放声音”单选按钮，可以设置单击动作对象时播放指定的声音。

图 4–50 “超链接”动作设置

方法三：动作按钮

（1）选中要添加动作按钮的幻灯片。

（2）选择“开始”菜单栏“绘图”工作区，点击“形状”按钮，在下拉列表中选择动作按钮。

（3）选择需要的按钮形状，在选定的幻灯片上绘制图形。释放鼠标时会自动弹出“动作设置”对话框。

（4）设置完毕，单击“确定”即可。

练习题

选择题

1. 在 PowerPoint 2013 中要选定多个图形或图片时，需（　　），然后用鼠标单击要选定的图形对象。

A. 先按住 Alt 键　　B. 先按住 Home 键

C. 先按住 Shift 键　　D. 先按住 Delete 键

2. 在 PowerPoint 2013 中，选定了文字、图片等对象后，可以插入超链接，超链接中所链接的目标可以是（　　）。

A. 计算机硬盘中的可执行文件　　B. 其他幻灯片文件（即其他演示文稿）

C. 同一演示文稿的某一张幻灯片　　D. 以上都可以

3. 在 PowerPoint 2013 中，不可以插入（　　）文件。

A. Avi　　B. Wav

C. Exe　　D. Bmp（或 Png）

4. 在幻灯片中插入声音元素，幻灯片播放时（　　）。

A. 用鼠标单击声音图标，才能开始播放

B. 只能在有声音图标的幻灯片中播放，不能跨幻灯片连续播放

C. 只能连续播放声音，中途不能停止

D. 可以按需要灵活设置声音元素的播放

5. 幻灯片母版设置可以起到的作用是（　　）。

A. 设置幻灯片的放映方式

B. 定义幻灯片的打印页面设置

C. 设置幻灯片的片间切换

D. 统一设置整套幻灯片的标志图片或多媒体元素

6. 在 PowerPoint 2013 中，进入幻灯片母版的方法是（　　）。

A. 选择“开始”选择卡中的“母版视图”组中的“幻灯片母版”命令按钮

B. 选择“视图”选择卡中的“母版视图”组中的“幻灯片母版”命令按钮

C. 按住 Shift 键同时，再单击“普通视图”按钮

D. 以上说法都不对

7. 在 PowerPoint 2013 编辑中，想要在每张幻灯片相同的位置插入某个学校的校标，最好的设置方法是在幻灯片的（　　）中进行。

A. 普通视图　　　　B. 浏览视图

C. 母版视图　　　　D. 备注视图

8. 在 PowerPoint 2013 中，下列有关幻灯片背景设置的说法，正确的是（　　）。

A. 不可以为幻灯片设置不同的颜色、图案或者纹理的背景

B. 不可以使用图片作为幻灯片背景

C. 不可以为单张幻灯片进行背景设置

D. 可以同时对当前演示文稿中的所有幻灯片设置背景

9. 在 PowerPoint 2013 中，设置背景时，若使所选择的背景仅适用于当前所选的幻灯片，应该按（　　）。

A. “全部应用”按钮　　　　B. “关闭”按钮

C. “取消”按钮　　　　D. “重置背景”按钮

10. 在 PowerPoint 2013 中，若想设置幻灯片中“图片”对象的动画效果，在选中“图片”对象后，应选择（　　）。

A. “动画”选项卡下的“添加动画”按钮

B. “幻灯片放映”选项卡

C. “设计”选项卡下的“效果”按钮

D. “切换”选项卡下的“换片方式”按钮

11. 在对 PowerPoint 2013 的幻灯片进行自定义动画操作时，可以改变（　　）。

A. 幻灯片间切换的速度　　　　B. 幻灯片的背景

C. 幻灯片中某一对象的动画效果　　　　D. 幻灯片设计模板

12. 在 PowerPoint 2013 中，要设置幻灯片间切换效果（例如从一张幻灯片“溶解”到下一张幻灯片），应使用（　　）选项卡进行设置。

A. “动作设置”　　　　B. “设计”

C. “切换”　　　　D. “动画”

13. 在 PowerPoint 2013 中，若要把幻灯片的设计模板，设置为“行云流水”，应进行的一组操作是（　）。

A.“幻灯片放映”选项卡“自定义动画”“行云流水”

B.“动画”选项卡“幻灯片设计”“行云流水”

C.“插入”选项卡“图片”“行云流水”

D.“设计”选项卡“主题”“行云流水”

14. 在 PowerPoint 2013 中，下列关于幻灯片主题的说法中，错误的是（　）。

A. 选定的主题可以应用于所有的幻灯片

B. 选定的主题只能应用于所有的幻灯片

C. 选定的主题可以应用于选定的幻灯片

D. 选定的主题可以应用于当前幻灯片

15. 在 PowerPoint 2013 中，当要改变一个幻灯片的设计模板时（　）。

A. 只有当前幻灯片采用新主题

B. 所有幻灯片均采用新主题

C. 所有的剪贴画均丢失

D. 除已加入的空白幻灯片外，所有的幻灯片均采用新主题

16.PowerPoint 2013 提供的幻灯片模板（主题），主要是解决幻灯片的（　）。

A. 文字格式　　B. 文字颜色

C. 背景图案　　D. 以上全是

17. 在演示文稿中插入超级链接时，所链接的目标不能是（　）。

A. 另一个演示文稿　　B. 同一演示文稿的某一张幻灯片

C. 其他应用程序的文档　　D. 幻灯片中的某一个对象

18. 在 PowerPoint 2013 中，停止幻灯片播放的快捷键是（　）。

A.Enter　　B.Shift

C.Ctrl　　D.Esc

19. 要设置幻灯片的切换效果以及切换方式时，应在（　）选项卡中操作。

A. 开始　　B. 设计

C. 切换　　D. 动画

20. 在 PowerPoint 2013 中，（　）设置能够应用幻灯片模版改变幻灯片的背景、标题字体格式。

A. 幻灯片版式　　B. 幻灯片设计

C. 幻灯片切换　　　　　　　　　　D. 幻灯片放映

21. 设置 PowerPoint 2013 对象的超链接功能是指把对象链接到其他（　　）上。

A. 图片　　　　　　　　　　　　　B. 文字

C. 幻灯片、文件和程序　　　　　　D. 以上皆可

实训操作

为自己的个人介绍演示文稿添加明确的版式设计，并为其添加动画和超链接。

任务四　放映演示文稿

演示文稿播放都是以幻灯片为单位的，可以根据需要设置幻灯片的切换方式和放映方式，PowerPoint 2013 提供了许多幻灯片的切换和放映方式。在其他未安装 PowePoint 2013 或者 PowerPoint 版本较低的计算机上放映演示文稿，需要将演示文稿打包输出，播放时操作打包文件即可。

一、编辑放映过程

（一）设置幻灯片放映时间

1. 手动设置

具体操作步骤如下：

步骤一：首先选中该幻灯片。

步骤二：选择“切换”菜单栏下计时工作区的“计时”选择框，选中“设置自动换片时间”复选框，然后在其后的文本框中调整或输入幻灯片在屏幕上显示的秒数，如图 4–51 所示。

步骤三：若单击该选项区的“全部应用”按钮，则可以为演示文稿中的每张幻灯片设定相同的切换时间，这样就实现了幻灯片的连续自动放映。

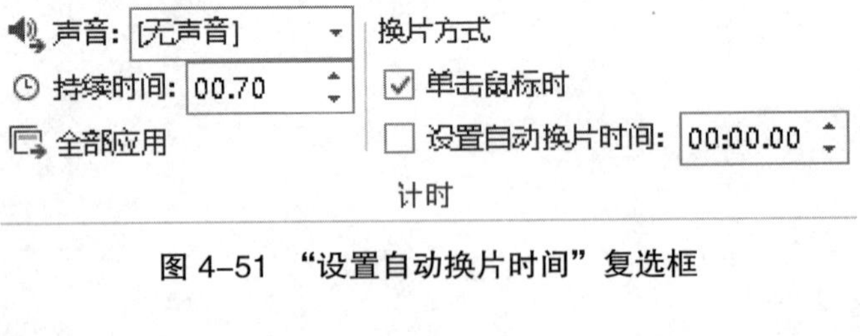

图 4–51　“设置自动换片时间”复选框

2. 自动播放

（1）排练计时：利用“排练计时”功能，如图 4–52 所示，演讲者可以准确地记录下每张幻灯片在讲演过程中所需的显示时间，从而令其讲述速度与幻灯片的显示切换保持同步。在“幻灯片放映”选项卡的“设置”组有一个“使用排练计时”复选框，选中该复选框即可使用排练计时功能。使用该功能用户可通过操作演习记录每张幻灯片的切换时间，在正式放映时，就可在无人操作的情况下按照记录的时间间隔进行自动放映。

（2）录制幻灯片演示：对幻灯片进行控制了，当演示者按步骤操作完毕后，再次放映时就会按照刚才的步骤播放，包括旁白。

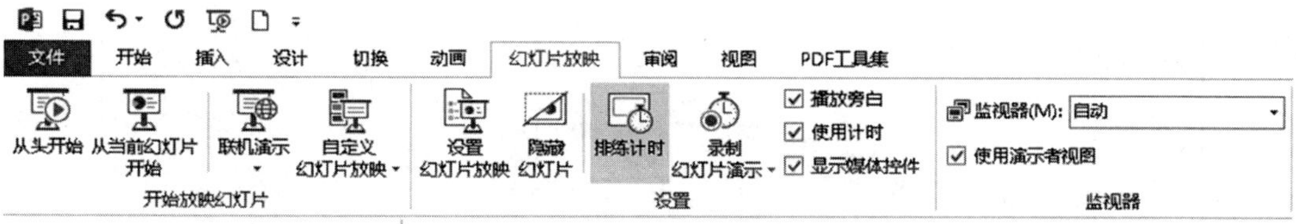

图 4–52　排练计时

（二）自定义放映

通过“自定义放映”功能，可以抽取当前演示文稿中的部分幻灯片，重新排列起来在形式上成为一个新的演示文稿，然后在演示过程中只播放这些指定的幻灯片，使演示文稿可针对不同的观众创建多个不同的放映方案，从而达到“一稿多用”的目的。

（1）幻灯片放映名称可以自定义；

（2）添加幻灯片：从左侧列表框中选择幻灯片添加到右侧列表框中。

（3）移除幻灯片：从右侧列表框中选择要移除的幻灯片，单击“删除”即可。

（4）改变幻灯片放映次序：在右侧列表中选择幻灯片，单击列表右侧的上下按钮调整即可。

（5）设置完成，单击“确定”按钮，如图 4–53 所示。

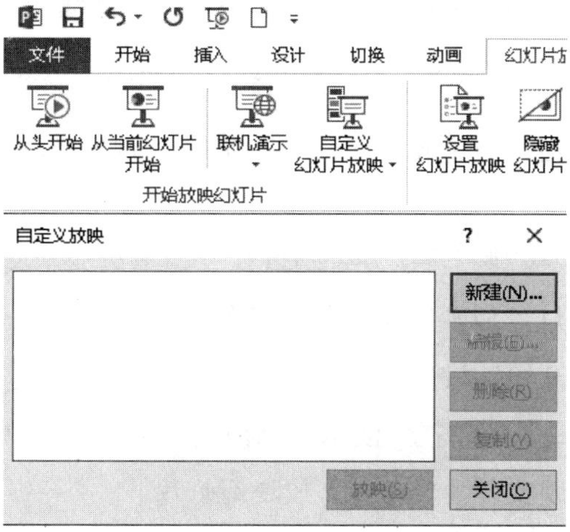

图 4–53　自定义放映设置对话框

（三）设置放映方式

在“幻灯片放映”菜单栏下的设置工作区中，单击“设置幻灯片放映”按钮，打开“设置放映方式”对话框。通过该对话框，可以设置放映演示文稿的方式，包含放映类型、放映选项、放映幻灯片、换片方式四个方面，如图4–54所示。

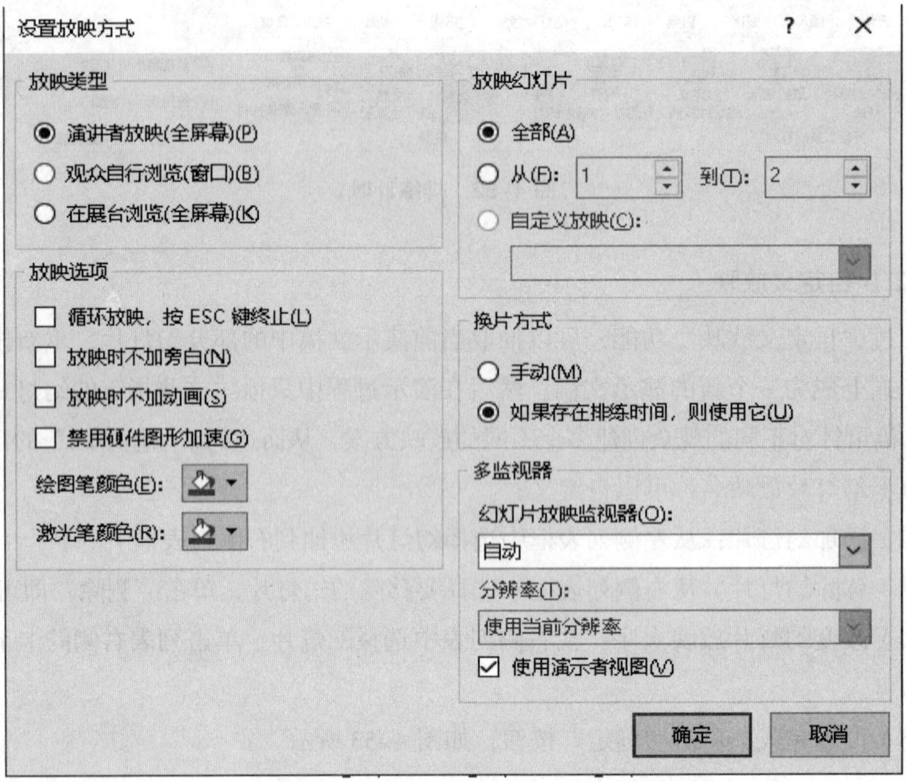

图 4–54　幻灯片放映方式设置对话框

1. 在 PowerPoint 2013 中启动幻灯片放映的四种方法

方法一：单击工作窗口右下角的“幻灯片放映”视图按钮，将从当前幻灯片开始播放演示文稿。

方法二：按下 F5 快捷键，将从首张幻灯片开始播放演示文稿。

方法三：选择“幻灯片放映”菜单栏“开始放映幻灯片”工作区，单击“从头开始”或“从当前幻灯片开始”按钮。

方法四：选择“视图”菜单栏“演示文稿视图”工作区，单击“阅读视图”按钮。

2. 选择演示文稿放映文件（*.ppsx）放映幻灯片

使用演示文稿放映文件（*.ppsx）可以在打开该文件的同时开始自动播放幻灯片，

无法进入编辑状态，还可以防止其他用户修改演示文稿。

具体操作步骤如下：

步骤一：使用 PowerPoint 2013 打开要操作的演示文稿，然后单击“文件”菜单栏下的“另存为”命令。

步骤二：在弹出的“另存为”对话框中设定保存类型为“PowerPoint 放映”，最后单击“保存”按钮，即可将演示文稿保存为放映文件（*.ppsx）的格式。

二、打包演示文稿

在一台计算机上创建的演示文稿，有时需要拿到另一台计算机上播放，此时可以使用“打包向导”压缩演示文稿。该向导可以将演示文稿所需的文件和字体打包一起，存放到磁盘或网络地址上。如果要在没有安装 PowerPoint 的计算机上观看放映，还可以将 PowerPoint 播放器同演示文稿打包一起。

（一）打包演示文稿

（1）单击“文件”菜单栏下“导出”按钮，在弹出窗口中选择“将演示文稿打包成 CD”并点击“打包成 CD”按钮，打开“打包成 CD”对话框。在此，可以命名压缩包。

（2）单击“添加文件”，可以添加其他演示文稿文件。

（3）单击“选项”，在打开的对话框中可以选择压缩包所包含的其他内容，如图 4–55 所示。

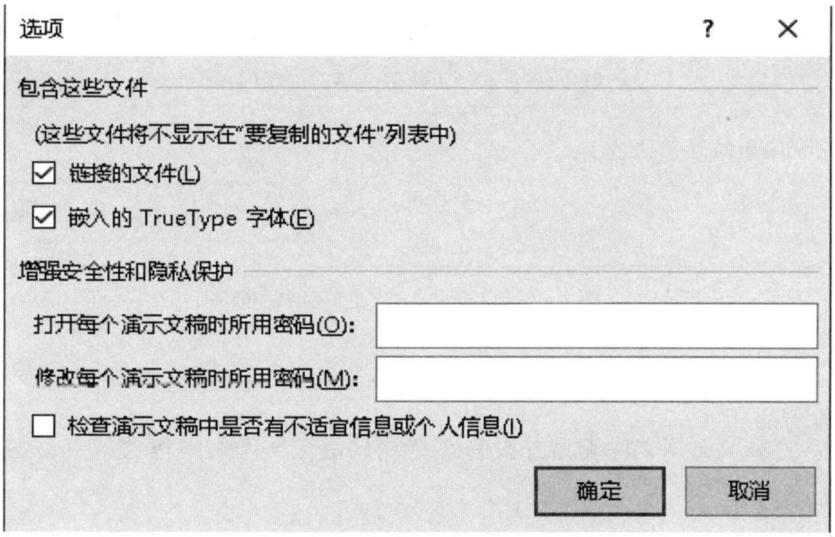

图 4–55 “演示文稿”打包对话框

议一议

为保证文档的私密性，该怎样进行设置？

（4）单击“复制到文件夹”按钮，在打开的“复制到文件夹”对话框中，制定压缩包的存放位置和文件夹名，单击“确定”，开始打包，如图 4–56、图 4–57 所示。

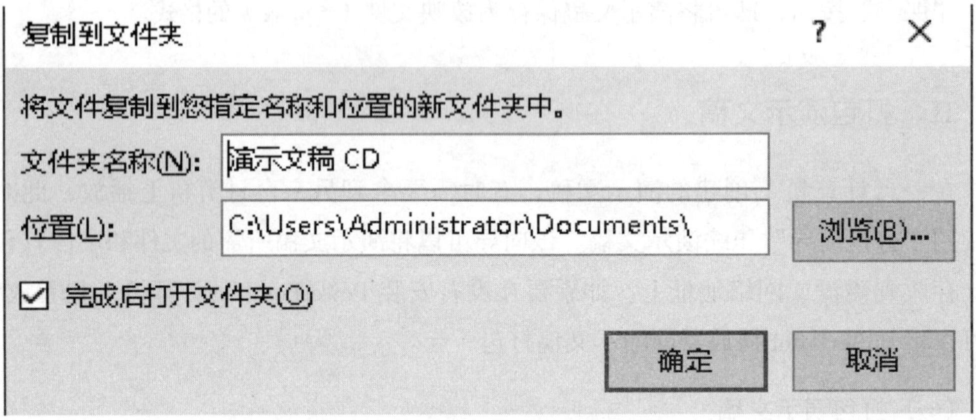

图 4–56 “演示文稿”打包对话框

（5）打包完毕，返回“打包成 CD”对话框，单击“关闭”按钮退出。

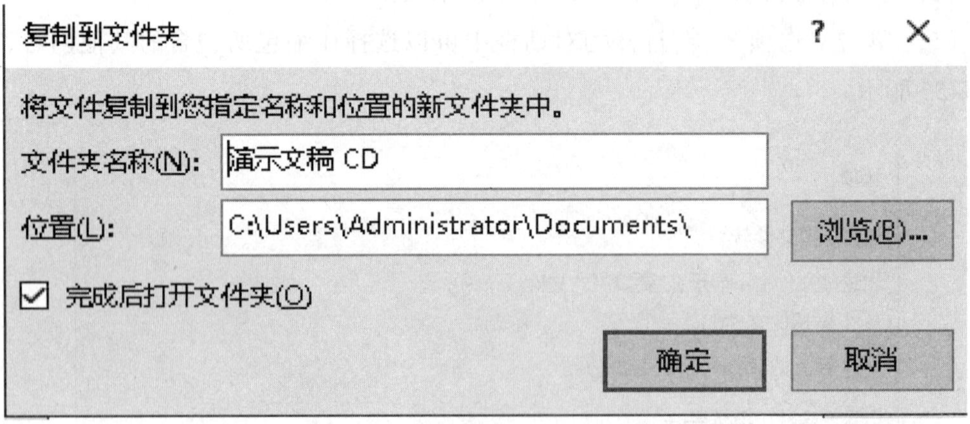

图 4–57 “演示文稿”打包对话框

（二）解包和运行演示文稿

打包后的演示文稿文件类型并没有改变，只是在文件夹中包含了 PowerPoint 播放器及所需的库文件。

练习题

一、选择题

1.放映当前幻灯片的快捷键是（　　）。

A.F6　　B.Shift+F6

C.F5　　D.Shift+F5

2.在 PowerPoint 2013 中，停止幻灯片播放的快捷键是（　　）。

A.End　　B.Ctrl+E

C.Esc　　D.Ctrl+C

3.制作成功的幻灯片，如果为了以后打开时自动播放，应该在制作完成后另存的格式为（　　）。

A.PPTX　　B.PPSX

C.DOCX　　D.XLSX

4.在 PowerPoint 2013 中，若一个演示文稿中有三张幻灯片，播放时要跳过第二张放映，可以的操作是（　　）。

A.取消第二张幻灯片的切换效果　　B.隐藏第二张幻灯片

C.取消第一张幻灯片的动画效果　　D.只能删除第二张幻灯片

5.使 PowetPoint 2013 从当前选定的幻灯片开始播放应按（　　）快捷键。

A.SHFIT+F5　　B.F5

C.CTRL+ALT　　D.SHIFT+F6

6.播放演示文稿时，以下说法正确的是（　　）。

A.只能按顺序播放　　B.只能按幻灯片编号的顺序播放

C.可以按任意顺序播放　　D.不能倒回去播放

7.在 PowerPoint 2013 中，若只需放映全部幻灯片中其中的四张（如第 1、3、5、7张），可以进行的操作是（　　），然后设置幻灯片放映方式（默认下是“全部”放映幻灯片的）。

A.在“幻灯片放映”选项卡下，选择“设置幻灯片放映”按钮

B.在“幻灯片放映”选项卡下，选择“自定义幻灯片放映”按钮

C.在“设计”选项卡下，选择“自定义幻灯片放映”按钮

D.以上说法都不正确

8.在 PowerPoint 2013 中，要设置幻灯片循环放映，应使用的是（　　），然后选择

“设置幻灯片放映”命令按钮。

A.“开始”选项卡　　B.“视图”选项卡

C.“幻灯片放映”选项卡　　D.“审阅”选项卡

9. 在 PowerPoint 2013 中，幻灯片放映时使光标变成“激光笔”效果的操作是（　）。

A. 按 Ctrl+F5

B. 按 Shift+F5

C. 执行“幻灯片放映”选项卡“自定义幻灯片放映”按钮

D. 按住 Ctrl 键同时，按住鼠标的左键

10. 在 PowerPoint 2013 中，若要使幻灯片按规定的时间，实现连续自动播放，应进行（　）。

A. 设置放映方式　　B. 打包操作

C. 排练计时　　D. 幻灯片切换

11. 在 PowerPoint 中，以下的说法中正确的是（　）。

A. 可以将演示文稿中选定的信息链接到其他演示文稿幻灯片中的任何对象

B. 可以对幻灯片中的对象设置播放动画的时间顺序

C.PowerPoint 演示文稿的缺省扩展名为 .potx

D. 在一个演示文稿中能同时使用不同的设计模板（或主题）

12. 在 PowerPoint 2013 中，若要使幻灯片在播放时能每隔 3 秒自动转到下一页，应在“切换”选项卡下（　）组中进行设置。

A.“预览”　　B.“切换到此幻灯片”

C.“计时”　　D. 以上说法都不对

13. 在 PowerPoint 2013 中，下列有关幻灯片放映叙述错误的是（　）。

A. 可自动放映，也可人工放映

B. 放映时可只放映部分幻灯片

C. 可以将动画出现设置为“在上一动画之后”

D. 无循环放映选项

14. 如果将演示文稿放在另外一台没有安装 PowerPoint 软件的电脑上播放，需要进行（　）。

A. 复制 / 粘贴操作　　B. 重新安装软件和文件

C. 打包操作　　D. 新建幻灯片文件

15. 在 PowerPoint 2013 中，通过（　）设置后，点击观看放映后能够自动放映。

A. 排练计时　　　　B. 动画设置

C. 自定义动画　　　　D. 幻灯片设计

实训操作

将前面完成的演示文稿进行打包播放。

课后练习

1. 任意选择一种喜欢的主题，网上收集素材制作关于“现代作家”的演示文稿。

（1）进行内容策划。

（2）应用的主题应该符合PPT的内容。

2. 参考任务三，制作一款幻灯片母版。

（1）设计版式，包括底色背景、标题、内容页。

（2）将所有标题字体设置为“黑体”。

（3）适当添加图片和动画效果。

（4）将母版标题样式的艺术字样式设置为“填充—金色，着色3，锋利棱台”。

（5）将母版内容的一级文本样式设置为“24号，1.5倍行距”。

3. 为学校或企业制作一款宣传文化的幻灯片。

（1）策划宣传内容，着重突出特色。

（2）插入相关特色图片。

（3）插入音频、动画，全文预览时间不超过2分钟。

4. 制作专题讲座宣传海报。

（1）标题醒目、夺人眼球。

（2）注明时间、地点、人物。

（3）颜色搭配恰当。

5. 制作一份个人介绍。

（1）讲解时间不超过三分钟。

（2）首页采用动画制作。

请完成对“项目四”学习的自我评价，自我评价表如表4–2所示。

表4–2　　　　　　　　　　　自我评价表（项目四）

评价模块 / 知识点	知识与技能			作业实操			体验与探索		
	熟练掌握	一般认识	简单了解	独立完成	合作完成	不能完成	收获很大	比较困难	不感兴趣
演示文稿的创建	□	□	□	□	□	□	□	□	□
编辑幻灯片	□	□	□	□	□	□	□	□	□
设置幻灯片	□	□	□	□	□	□	□	□	□
设置动画效果	□	□	□	□	□	□	□	□	□
疑难问题									
学习收获									

附录：Windows 10 操作系统概述

Windows 10 是由美国微软公司开发的应用于计算机和平板电脑的操作系统，于2015 年 7 月 29 日发布正式版。Windows10 操作系统特点 Windows 10 操作系统在易用性和安全性方面有了极大的提升，除了针对云服务、智能移动设备、自然人机交互等新技术进行融合外，还对固态硬盘、生物识别、高分辨率屏幕等硬件进行了优化完善与支持。截至 2020 年 5 月 29 日，Windows 10 正式版已更新至 10.0.19041.264 版本，预览版已更新至 2020 更新 10.0.19635.1 版本。

一、Windows 10 系统发展历程

2014 年 10 月 1 日，微软在旧金山召开新品发布会，对外展示了新一代 Windows 操作系统，将它命名为“Windows 10”，新系统的名称跳过了这个数字“9”。

2015 年 1 月 21 日，微软在华盛顿发布新一代 Windows 系统，并表示向运行 Windows 7、Windows 8.1 以及 Windows Phone 8.1 的所有设备提供，用户可以在 Windows 10 发布后的第一年享受免费升级服务。2 月 13 日，微软正式开启 Windows 10 手机预览版更新推送计划。3 月 18 日，微软中国官网正式推出了 Windows 10 中文介绍页面。4 月 22 日，微软推出了 Windows Hello 和微软 Passport 用户认证系统，微软又公布了名为“Device Guard”（设备卫士）的安全功能。4 月 29 日，微软宣布 Windows 10 将采用同一个应用商店，即可展示给 Windows 10 覆盖的所有设备用，同时支持 Android 和 iOS 程序。7 月 29 日，微软发布 Windows 10 正式版。

2018 年 8 月 9 日，微软推送了 Windows 10 RS5 快速预览版 17733。

2018 年 9 月，微软宣布为 Windows 10 系统带来了 ROS 支持，所谓 ROS 就是机器人操作系统。此前这一操作系统只支持 Linux 平台，现在微软正在打造 ROS for Windows。

2018 年 10 月 9 日，微软负责 Windows 10 操作系统交付的高管凯博（John Cable）表示，微软已经获得了用户文件被删除的报告，目前已经解决了秋季更新包中存在的

所有问题。公司已经开始向测试用户重新提供 1809 版本的下载。

2020 年 5 月 14 日，据外媒报道，从 2020 年 5 月更新开始，微软将停止向 PC 制造商提供 32 位 Windows 10，最低硬件要求文档中显示了这项更改，微软将逐步淘汰 32 位版本的 Windows 10 系统。

二、Windows 10 操作系统特点

Windows 10 操作系统与以往版本相比，增加了许多新功能，这些新功能将带给用户全新的视觉冲击和操作体验。本文在这里归纳了一些 Windows 10 系统的新功能，具体表现体现在以下几方面。

（一）回归的“开始”菜单

熟悉的桌面“开始”菜单终于在 Windows 10 操作系统中正式归位了，不过它旁边增加了一个 Modern 风格的区域，改进的传统风格与新的现代风格有机地结合起来。传统桌面的“开始”菜单既照顾了 Windows 7 操作系统等老用户的使用习惯，同时考虑到 Windows 8/Windows 8.1 操作系统用户的习惯，仍旧提供主打触摸操作的开始屏幕，两代系统用户切换到 Windows 10 操作系统后不会有太多的违和感，超级按钮 Charmbar 仍旧为触摸用户保留，非触摸设备用户能够通过 Windows+C 快捷键换出。

（二）Cortana（小娜）

在 Windows 10 操作系统里，增加了个人智能助理——Cortana（小娜）。Cortana 的功能非常强大，用户只要通过“你好小娜”的指令就可以呼出微软小娜，全新的 Cortana 已完成了本地化的内容整合，用户能够与小娜用普通话聊天，也可以让 Cortana 帮忙打开中国本地应用，例如：QQ、百度、淘宝等。Cortana 将成为一个无所不知的网站导航。

Cortana 可以帮用户在生活工作中拥有更加高效。从平时每天提醒用户起床到直接用 PC 发短信。例如：你只要说：“你好小娜，每天早上六点半叫我起床”，Cortana 就帮你搞定闹钟了。Windows 10 操作系统还多了通过 Cortana 发送短信及接收未接来电通知的功能。用户只需要用同一个微软账户登录计算机和手机，同时开启 Cortana，当用户有通讯录联系人未接来电的时候，就可以在计算机上接到通知，还能够通过小娜发短信。当用户有未接来电时，计算机就会弹出提示，用户能选择用小娜发送短信回复对方。

（三）生物识别功能

Windows 10 操作系统新增了一种自动计量生物学登录功能，这是该公司首次提供这样一种跨设备的服务。该功能名为“Windows Hello”，您可以扫描自己的脸部、虹膜或指纹，并且存储在本地设备上，也就是可以匿名登录 Windows 手机、笔记本电脑和 PC，能够保证用户的数据不会被黑客窃取。要使用 Windows Hello 功能，需要配备 Intel RealSense 3D 摄像头，一般摄像头无法支持，而对于一般用户，PIN 解锁未尝不是一种好的体验。

（四）分屏多窗口功能增强

你能够在屏幕里同时摆放 4 个窗口，Windows 10 操作系统可以在单独的窗口里显示正在运行的其他应用程序，并且还可以智能给出分屏建议。微软在 Windows 10 系统侧边增加了一个 SnapAssist 按钮，通过它能够将多个不同桌面应用展示在这了，同时和其他应用自由组合成多任务模式。

（五）内置 Windows 应用商店

Windows 10 操作系统增加了应用商店，也就是 Windows 应用商店。你只要在“开始”菜单里打开“应用商店”，就能够从 Windows 应用商店中浏览、下载照片、音乐、游戏、娱乐、社交和图书、视频、运动和参考、新闻和健身、天气和健康生活、购物、金融、烹饪、旅游等方面的应用，当中包括了许多免费的应用和付费的应用。是一项很好的功能，能够简化 Windows 用户获得的应用流程。Windows 应用商店帮助程序设计人员将自己的应用程序卖到全世界，只需要有 Windows 10 操作系统的地方，就能够向你展示程序设计人员开发的应用。Windows 10 应用商店很像一款手机或平板计算机上的智能系统。访问 Windows 10 应用商店要你登录自己的账号，你下载过的 Windows 10 应用都能同步保存在账户中。

（六）Microsoft Edge 浏览器

Microsoft Edge 浏览器是在 Windows 10 操作系统及以后版本中开放使用新的浏览器，同时 Windows 10 操作系统里的 Internet Explorer 将与 Edge 浏览器共存，前者采用传统排版引擎，以提供旧版本兼容支持；后者使用全新排版引擎，带给用户不一样的浏览体验。这意味着，在 Windows 10 操作系统里，IE 和 Edge 是两个不同的独立的浏览器，目的和功能有着明确的区分。

（七）手机助手

手机助手是 Windows 10 操作系统里能够帮助用户对手机进行快速设置的新的应用。用户能够在计算机上设置好自己所使用的微软服务，如音乐 Cortana 和照片等，将手机连到计算机上，进行信息和数据的同步。如果手机是 Android 或 iOS 系统的设备，也能够从自己的计算机里向手机里同步喜欢的内容，如音乐、OneDrive 和照片等。

（八）行动中心

在 Windows 10 操作系统里，新增加了行动中心（通知中心）功能。用户单击任务栏右下角的“通知”按钮，就能打开通知面板，在通知面板上方会显示信息、更新内容和电子邮件等消息，在通知面板下方则包含了常用的系统功能，如连接平板模式和便签等等，但用户尚不能对收到的信息进行回应。9941 版本后的通知中心还有了“快速操作”的功能，提供快速进入设置和开关设置。

（九）虚拟桌面

Windows 10 操作系统中新增加了一个功能就是虚拟桌面，该功能能够让用户在同个操作系统中拥有多个桌面环境，也就是用户能够根据自己的需要，在不同的桌面环境中进行切换。单击“任务视图”按钮，就能在下方看到桌面 1 和桌面 2，单击桌面名称就能够快速切换，如果要新建桌面，可单击其后的“新建桌面”按钮。

（十）不一样的任务栏

在 Windows 10 操作系统的任务栏里新增了 Cortana 搜索栏和任务视图按钮，而且同时系统托盘内的标准工具也和 Windows 10 操作系统的设计风格匹配。用户能够轻松地查看到能用的网络连接管理移动设备，或对系统显示器亮度和音量进行调节。

（十一）更改 Windows 10 操作系统的主题

Windows 10 系统提供了多种 Windows 主题，每个主题都集合了窗口颜色、桌面背景、屏幕保护程序和声音等元素，设置某个主题之后，这些元素将随之改变。用户能够根据自己的需要设置自己喜爱的主题样式，更加符合自己的风格。此外，Window 10 操作系统还有许多其他的新功能，如新增了云存储 OneDrive，用户能够将文件保存在网盘里，方便在不同的计算机或手机中访问；增加了桌面贴靠辅助，能够让窗口占据屏幕左右两侧的区域，还可将窗口拖曳到屏幕的四个角落使其自动拓展并填充 1/4 的屏幕；另外还有智能家庭控制视觉效果更佳等。总之，相比 Windows 7，Windows 8 操作系统，Windows 10 操作系统在性能、可用性和个性化功能等方面都有了很大的提升，随着 Windows 10 操作系统使用的人数不断地增多，它的更多功能将被挖掘出来。

三、Windows 10 系统版本介绍

Windows 10 共有家庭版、专业版、企业版、教育版、移动版、移动企业版、专业工作站版和物联网核心版八个版本。

版本	功能
家庭版 Home	Cortana 语音助手（选定市场）、Edge 浏览器、面向触控屏设备的 Continuum 平板电脑模式、Windows Hello（脸部识别、虹膜、指纹登录）串流 Xbox One 游戏的能力、微软开发的通用 Windows 应用（Photos、Maps、Mail、Calendar、Groove Music 和 Video）、3D Builder
专业版 Professional	以家庭版为基础，增添了管理设备和应用，保护敏感的企业数据，支持远程和移动办公，使用云计算技术。另外，它还带有 Windows Update for Business，微软承诺该功能可以降低管理成本、控制更新部署让用户更快地获得安全补丁软件
企业版 Enterprise	以专业版为基础，增添了大中型企业用来防范针对设备、身份、应用和敏感企业信息的现代安全威胁的先进功能，供微软的批量许可（Volume Licensing）客户使用，用户能选择部署新技术的节奏，其中包括使用 Windows Update for Business 的选项。作为部署选项，Windows 10 企业版将提供长期服务分支（Long Term Servicing Branch）
教育版 Education	以企业版为基础，面向学校职员、管理人员、教师和学生。它将通过面向教育机构的批量许可计划提供给客户，学校将能够升级 Windows 10 家庭版和 Windows 10 专业版设备
移动版 Mobile	面向尺寸较小、配置触控屏的移动设备，例如智能手机和小尺寸平板电脑，集成有与 Windows 10 家庭版相同的通用 Windows 应用和针对触控操作优化的 Office。部分新设备可以使用 Continuum 功能，因此连接外置大尺寸显示屏时，用户可以把智能手机用作 PC
移动企业版 Mobile Enterprise	以 Windows 10 移动版为基础，面向企业用户。它将提供给批量许可客户使用，增添了企业管理更新，以及及时获得更新和安全补丁软件的方式
专业工作站版 Windows 10 Pro for Workstations	Windows 10 Pro for Workstations 包括了许多普通版 Win10 Pro 没有的内容，着重优化了多核处理以及大文件处理，面向大企业用户以及真正的“专业”用户，如 6TB 内存、ReFS 文件系统、高速文件共享和工作站模式
物联网核心版 Windows 10 IoT Core	面向小型低价设备，主要针对物联网设备。目前已支持树莓派 2 代/3 代 Dragonboard 410c（基于骁龙 410 处理器的开发板），MinnowBoard MAX 及 Intel Joule

四、Windows 10 系统评价

Windows 10 系统成为了智能手机、PC、平板、Xbox One、物联网和其他各种办公设备的心脏使设备之间提供无缝的操作体验。（网易网评）

Windows 10 操作系统在易用性和安全性方面有了极大的提升，除了针对云服务、智能移动设备、自然人机交互等新技术进行融台外，还对固态硬盘、生物识别、高分辨率屏幕等硬件进行了优化完善与支持。从技术角度来讲，Windows 10 操作系统是一款优秀的消费级别操作系统。（李志鹏评）

反面评价

微软 Windows 10 免费策略对于 PC 产业的伤害除了华硕所言影响新 PC 的销售外，最核心的伤害还是在于 PC 的价值。即微软 Windows 10 的价值不能得以完全体现；用户不能完全体验到 Windows 10 的功能；PC 厂商预装 Windows 10 的成本浪费等，而众所周知的事实是，由于 PC 产业的式微，恰是在价值上的缩水。（腾讯网评）

Windows 10 违反数据保护法，微软从用户电脑收集数据，而不会清楚地告知他们发送到其服务器的具体内容以及目的。（凤凰网评）

五、Windows 10 系统常用快捷键

相对于 Windows XP/Vista/7/8/8.1 来说，Windows 10 的快捷键做了很多调整，也取消很多不再需要的快捷键。

Win / Alt + Esc：打开“开始菜单”

Win + X：打开“超级管理菜单”，等同“Windows 鼠标右击”

Win + I：打开“设置”

Win + Q / S：打开“CORTANA”搜索 Win + C：打开“CORTANA”语音搜索

Win + H：打开“共享”

Win + K：打开“设备”

Win + U：打开“轻松访问中心”

Win + Pause：显示“系统”属性窗口

Win + 空格键 /Ctrl + Shift：切换输入法

Win + E：打开“文件资源管理器”

Win + R：打开“运行”对话框

Win + D：显示桌面

Win + L：锁定计算机或切换用户

Win + Tab：在已打开应用程序间循环切换

Win + P：选择屏幕显示模式 / 连接投影仪

Win + M：最小化所有窗口

Win + T：循环切换任务栏上的程序

Win + ←：第一次，将活动窗口靠左占据 1/2 屏；第二次，靠右占据 1/2 屏；第三次，还原原位

Win + →：第一次，将活动窗口靠右占据 1/2 屏；第二次，靠左占据 1/2 屏；第三次，还原原位

Win + ↑：第一次结合 1/2 屏显示后，活动窗口向上 1/4 屏幕；第二次，最大化窗口 Win + ↓：结合 1/2 屏显示后，活动窗口向下 1/4 屏幕；第二次，最小化窗口

Win + Home：最小化除活动窗口之外的所有窗口

Alt + Tab：通过选择栏在所有已打开程序间切换

Ctrl + F4：关闭活动文档（在允许同时打开多个文档的程序中）

Alt + F4：关闭活动项目或者退出活动程序

Alt + 空格键：打开活动窗口显示模式快捷菜单

Ctrl + PrtSc：复制“整个屏幕”到剪切板

Win + PrtSc：同上，复制“整个屏幕”到剪切板

Alt + PrtSc：复制“当前活动窗口”到剪切板

Win + 数字键：启动或切换到锁定到任务栏中的由该数字所表示位置处的程序

Win + Shift + 数字：启动锁定到任务栏中的由该数字所表示位置处的程序的新实例

Win + Ctrl + 数字：切换到锁定到任务栏中的由该数字所表示位置处的程序的最后一个活动窗口

Win + Alt + 数字：打开锁定到任务栏中的由该数字所表示位置处的程序的跳转列表（Jump List）

Win + G：打开游戏录制工具

Win + Enter：打开“讲述人”

Win + Ctrl + F：搜索网络计算机其他常规键盘快捷方式

F1：显示帮助

F2：重命名选定项目

F3：搜索文件或文件夹

F4：在 Windows 资源管理器中将光标转移到地址栏内

F5：/Ctrl+R：刷新活动窗口内容

F6：在窗口中或桌面上循环切换屏幕元素

F10 / Alt：激活活动程序中的菜单栏快捷键

Ctrl + A：选择窗口中的所有项目

Ctrl + C：复制选择的项目

Ctrl + X：剪切选择的项目

Ctrl + V：粘贴选择的项目

Ctrl+Y：重新执行某项操作

Delete：删除所选项目并将其移动到“回收站”

Shift + Delete：直接删除所选项目，而非发送到“回收站”

Ctrl + 向右键：将光标移动到下一个字词的起始处

Ctrl + 向左键：将光标移动到上一个字词的起始处

Ctrl + 向下键：将光标移动到下一个段落的起始处

Ctrl + 向上键：将光标移动到上一个段落的起始处

Ctrl + Shift：加某个箭头键选择一块文本

Shif：加任意箭头键 在窗口中或桌面上选择多个项目，或者在文档中选择文本

Ctrl 加任意箭头键 + 空格键：选择窗口中或桌面上的多个单个项目

Alt + Enter：显示所选项的属性

Ctrl + Alt + Tab：使用箭头键在打开的项目之间切换

Ctrl + 鼠标滚轮：更改桌面上的图标大小

Alt + Esc：以项目打开的顺序循环切换项目

Shift + F10：显示选定项目的快捷菜单

Alt + 加下划线的字母：显示相应的菜单

Alt + 加下划线的字母：执行菜单命令（或其他有下划线的命令）

Esc：取消当前任务

Shift：禁止插入 U 盘 /CD 时自动播放

Alt + Shift：在启用多种输入语言时切换输入语言

Ctrl + Shift：在启用多个键盘布局时切换键盘布局

Ctrl + Shift + Esc：打开任务管理器

参考文献

[1] 聂哲.计算机应用基础（任务引领型）[M].北京：人民邮电出版社，2015.

[2] 江学锋.计算机应用基础[M].北京：中国水利水电出版社，2014.

[3] 周晓宏.计算机应用基础[M].北京：清华大学出版社，2013.

[4] 袁爱娥.计算机应用基础[M].北京：中国铁道出版社，2013.

[5] 李秀.计算机文化基础[M].5版.北京：清华大学出版社，2015.